AKADEMIE DER LANDWIRTSCHAFTSWISSENSCHAFTEN
DER DEUTSCHEN DEMOKRATISCHEN REPUBLIK

ARCHIV FÜR NATURSCHUTZ UND LANDSCHAFTSFORSCHUNG

AKADEMIE-VERLAG · BERLIN

HEFT 3 · 1982 · BAND 22

ISSN 0003-9306
Arch. Naturschutz u. Landschaftsforsch. · Berlin 22 (1982) 3, 157–202
EVP 5,– M 31 030

Inhalt

Содержание

Contents

Arch. Naturschutz u. Landschaftsforsch., Berlin 22 1982, 3, S. 157—167

Sektion Forstwirtschaft der Technischen Universität Dresden,
Wissenschaftsbereich Pflanzenchemie, Tharandt

HANS-GÜNTHER DÄSSLER und SIEGFRIED BÖRTITZ

Untersuchungen zur Wirkung von Exhalaten aus Feuerverzinkereien auf die Vegetation[1]

1. Einleitung

Betriebe der Metallveredlung (Verzinkereien, Galvanik- und Eloxierbetriebe) besitzen hohe volkswirtschaftliche Bedeutung, da diese Verfahren dazu beitragen, Korrosionsverluste auf ein Mindestmaß herabzusetzen. In mehreren Fällen wurden jedoch in der Umgebung solcher Werke wiederholt mehr oder weniger ausgeprägte Beeinträchtigungen der Vegetation festgestellt, ohne daß ausreichende Erfahrungen zur Klärung der Ursache oder für Anpassungsmaßnahmen zur Verfügung standen.

Die Empfehlung von Anpassungsmaßnahmen in der pflanzlichen Produktion zur Minimierung der Wirkung noch unvermeidbarer Luftverunreinigungen im Sinne der 5. DVO zum Landeskulturgesetz, § 13 (o. V. 1973), setzt Kenntnisse über die Wirkung einzelner Luftverunreinigungen und die Empfindlichkeit der wichtigsten Pflanzensortimente voraus. Während bei großräumig auftretenden Luftverunreinigungen eine relativ gute Übersicht über deren Schädigungseffekte sowie über Möglichkeiten und Grenzen von Anpassungsmaßnahmen besteht (DÄSSLER 1981), fehlen für eine Reihe kleinerer und nur kleinflächig wirksamer Emittenten entsprechende Untersuchungen.

Derartige Vegetationsbeeinträchtigungen in der Umgebung verschiedener Verzinkereien waren Anlaß, die ursächlichen Zusammenhänge zu betrachten, um die Möglichkeiten des Pflanzenbaues in der Nachbarschaft dieser Emittenten einschätzen zu können.
Zur Durchführung der vorgelegten Untersuchungen wurden drei Verzinkereien ausgewählt, in deren Nachbarschaft sich vorwiegend Gemüsepflanzen, Obstkulturen bzw. Laubgehölze befinden. Einige Modellversuche sollten die aus Literaturangaben und Untersuchungen in den Immissionsgebieten abgeleiteten Aussagen ergänzen.

2. Emissionen aus Verzinkereien

Über Abprodukte aus Feuerverzinkereien wurde in der Literatur mehrfach aus verschiedener Sicht berichtet (BERNERT und JANOTT 1965, WELZEL 1968, KIRSCH und SCHWINKOWSKI 1974, SCHWANECKE 1974, MALYSKA u. a. 1979).

Beim Feuerverzinken sind — neben der Heizquelle — zwei Emissionsquellen in Betracht zu ziehen: Beizbad und Zinkbad. Abhängig vom Rhythmus der Tauchvorgänge bzw. der Zugabe von Flußmittel werden mehrere Stoffe diskontinuierlich gas- oder staubförmig bzw. als Aerosol über die Abluft ausgetragen. Durch ausreichend bemessene und ordnungsgemäß funktionierende Absorberanlagen kann jedoch ein wesentlicher Teil dieser Emissionen zurückgehalten werden.

[1] 145. Mitteilung des Arbeitskreises Immissionsforschung Tharandt

Die Vorbehandlung der Metallteile erfolgt durch Beizen in Salzsäure (auch Schwefelsäure wird verschiedentlich für diesen Zweck verwendet). Dem Beizbad sowie dem wieder entnommenen Material entweicht HCl als Gas und als Aerosol. Diese HCl-haltige Abluft wird durch eine Absaugung gesammelt und muß vor Erreichen der Außenluft gereinigt werden.
Für das anschließende Verzinken sind vier Technologien gebräuchlich: Trocken-, Naß-, Einstreu- und Sendzimirverzinkung (MALYSKA u. a. 1979), von denen vorrangig die beiden ersten eingesetzt werden. Außer bei dem zuletzt genannten Verfahren kommen dabei Flußmittel zur Anwendung, die aus Ammoniumchlorid (NH_4Cl) bestehen oder als sog. Doppelsalz ($2\,NH_4Cl + ZnCl_2$) bzw. Tripelsalz ($3\,NH_4Cl + ZnCl_2$) zugesetzt werden. Beim Tauchen des vorgereinigten Materials in das Zinkbad (Zinkschmelze, 450—460 °C) entweichen weiße Nebel, die hauptsächlich aus NH_4Cl bestehen, sowie NH_3 + HCl (infolge thermischer Dissoziation des NH_4Cl, beim Abkühlen bildet sich wieder NH_4Cl), $ZnCl_2$, ZnO und Zn enthalten. Die dem Zinkbad entweichenden Nebel können Reizwirkungen auf die Schleimhäute verursachen (BERNERT und JANOTT 1965, KIRSCH und SCHWINKOWSKI 1974). In der Regel bilden die chloridhaltigen Salznebel den Hauptanteil im Emissionskomplex (SCHWANECKE 1974). Auf pflanzenschädigende Wirkungen von HCl und Chloriden ist in der Literatur mehrfach hingewiesen worden (vgl. GARBER 1964, SCHINDLER 1969, DÄSSLER und EWERT 1969, EWERT und DÄSSLER 1969, EWERT 1979b).
Ein Teil des NH_4Cl wird mit noch vorhandenem Metalloxid zu NH_3 umgesetzt ($MeO + 2\,NH_4Cl \rightarrow MeCl_2 + H_2O + 2\,NH_3$), so daß in der Abluft neben den genannten Salznebeln freies NH_3 auftreten kann und vor allem in Abgasen von Naßverzinkereien gemessen wurde (MALYSKA u. a. 1979). Die bereits in Spuren pflanzenschädigende Wirkung ammoniakhaltiger Dämpfe ist ebenfalls bekannt (EWERT 1979a).
Des weiteren sind Bleiemissionen nachgewiesen worden, da der Boden der Zinkbäder mit Blei bedeckt ist (KIRSCH und SCHWINKOWSKI 1974, MALYSKA u. a. 1979); bei verschiedenen Betrieben treten außerdem $AlCl_3$ und Al_2O_3 als Emissionsbestandteile auf (BERNERT und JANOTT 1965). Das eventuelle Vorkommen weiterer Stoffe in den Abgasen und -stäuben (z. B. Eisenoxide, Cd) hängt von örtlichen Gegebenheiten und der Zusammensetzung der verwendeten Materialien ab.
Eine von uns untersuchte, aus dem Gebläse einer Lagerhalle ausgetragene Zinkbadasche enthielt u. a. folgende säurelöslichen Bestandteile: 45,5% Zn; 1,0% Pb; 0,55% Cl; 0,16% Fe; 0,03% Mn; 0,006% Cu; 0,0013% Cd. Abgewehte Stäube dieser Art werden dem Boden der unmittelbaren Umgebung zugeführt und erreichen auf diesem Weg die Pflanzen.

3. Untersuchungsergebnisse

3.1. Schädigungen an Pflanzen in Immissionsgebieten

In der Umgebung von Feuerverzinkereien lassen sich an Pflanzen sowohl chronische als auch akute Schädigungen feststellen. Die ersteren äußern sich, je nach der Pflanzenart, in vermindertem oder verzögertem Wachstum, kleineren Blättern, vorzeitigem Laubabwurf oder geringerem Ertrag und entstehen durch eine dauernde oder zumindest sich häufig wiederholende Belastung mit phytotoxischen Stoffen, während akute Schädigungen durch relativ hohe Schadstoffkonzentrationen verursacht werden und nach einer gewissen Zeit als sichtbare, irreversible Schädigungssymptome in Erscheinung treten (DÄSSLER 1981). Hinzu kommen „unsichtbare" Immissionswirkungen in Form physiologischer Störungen und einer Akkumulation von Immissionsbestandteilen in und auf dem Pflanzenmaterial (BÖRTITZ 1974).
Als Symptome einer akuten Schädigung konnten beobachtet werden: punktförmige Sprenkelung, unregelmäßige bis kleinflächige Verätzungen auf der Blattoberseite und starke Nekrotisierung des Blattrandes. In zwei Gartenbaubetrieben traten mehrmals erhebliche Schädigungen dieser Art an Freilandkulturen von Kopfsalat auf (Sprenkelung und braune, rasch faulende Randnekrosen der Außenblätter), während die Nekrosen an Tomatenpflanzen vergleichsweise geringfügig waren und Blumenkohl-, Kohlrabi- sowie Holunderblätter unbeschädigt blieben. Im direkten Einflußbereich der periodisch abziehenden Nebelschwaden einer Feuerverzinkerei, 25 m von der Austrittsstelle, entstanden an den Blättern von Eiche (*Quercus robur*) und Ahorn (*Acer platanoides*) besonders an der werkszugewandten

Seite sehr intensive Punkt- und Randnekrosen; die Blätter der sehr chloridempfindlichen Hainbuche (*Carpinus betulus*) zeigten ebenfalls erhebliche Nekrosen. Eine Verstärkung (bzw. ein Neuentstehen) der Schädigungen war immer dann zu bemerken, wenn starke Nebelbildung und/oder hohe Luftfeuchte bzw. besondere Emissionssituationen (Überdosierung von Flußmitteln u. a.) und Windrichtung auf die betreffenden Kulturen bei relativ geringer Windgeschwindigkeit zusammen vorgelegen hatten.
Die auffallendsten chronischen Schädigungen an Gehölzen fanden sich in Werksnähe (im Umkreis von max. 200 m) in unspezifischer Form als Verkahlungen einzelner Äste sowie in der Ausbildung kleinerer Blätter im Vergleich zu weiter entfernt stehenden Bäumen. Besonders betroffen waren ältere Fichten (*Picea abies*), aber auch Ahorn (*Acer platanoides*), Birke (*Betula pendula*), Esche (*Fraxinus excelsior*), Linde (*Tilia cordata*) und teilweise Apfelbäume (*Malus domestica*). Keine derartigen Veränderungen waren dagegen an Pappeln (*Populus nigra*), Robinie (*Robinia pseudoacacia*), Birne (*Pyrus communis*), Holunder (*Sambucus nigra*) und Blaufichte (*Picea pungens*) erkennbar. Ein Beispiel für die verringerte Laubmassenbildung geht auch aus Tabelle 3 hervor.

Tabelle 1
Beobachtete Empfindlichkeit der Blätter verschiedener Pflanzen in der Umgebung von Feuerverzinkereien

sehr empfindlich	Hainbuche (*Carpinus betulus*) Ahorn (*Acer platanoides*) Eiche (*Quercus robur*) Fichte (*Picea abies*)	Kopfsalat (*Lactuca sativa* var. *cap.*)
mittlere Empfindlichkeit	Birke (*Betula pendula*) Esche (*Fraxinus excelsior*) Eberesche (*Sorbus aucuparia*) Linde (*Tilia cordata*) Apfel (*Malus domestica*) (sortenabhängig)	Tomate (*Lycopersicum esc.*)
verhältnismäßig widerstandsfähig	Pappel (*Populus nigra*) Robinie (*Robinia pseudoacacia*) Blaufichte (*Picea pungens*) Birne (*Pyrus communis*) Holunder (*Sambucus nigra*)	Kohlrabi (*Brassica oleracea* var. *gangylodes*) Blumenkohl (*Brassica oleracea*, var. *botrytis*)

Die Rangfolge in der Empfindlichkeit der Blätter bei den in der Umgebung von Feuerverzinkereien beobachteten Pflanzen (Tabelle 1) entspricht etwa derjenigen, die in der Literatur (DÄSSLER 1981) für die Empfindlichkeit gegenüber HCl, Chloride und Cl_2 mitgeteilt wurde.

3.2. Analysen von Pflanzenteilen aus Immissionsgebieten

Ein Teil der festen Partikel, wie ZnO, $ZnCl_2$ oder NH_4Cl, die als Staub, Rauch bzw. nebelförmig die Vegetation erreichen, bleiben an der Oberfläche von Pflanzenteilen haften, gasförmige Stoffe (HCl) dringen durch die Stomata rasch in das Innere der Blätter ein. Feuchtigkeit sowie klebrige, behaarte und porige Oberflächen begünstigen die Abscheidung fester

Tabelle 2
Fremdstoffgehalt von Blättern (ungewaschen) aus der Umgebung einer Feuerzinkerei. Proben Ende August gezogen, Angaben auf TS berechnet; zum Vergleich Normalwerte aus einem unbeeinflußten Gebiet

	Holunderblätter					Ahornblätter			
	Zn (mg/kg)	Fe (mg/kg)	Pb (mg/kg)	Cd (mg/kg)	Cl (%)	Zn (mg/kg)	Pb (mg/kg)	Cd (mg/kg)	Cl (%)
20 m SSW	3720	788	32	0,9	1,25	—	—	—	—
25 m S	2780	1020	34	0,9	1,25	2000	25	0,6	1,35
50 m SE	1780	626	23	0,8	0,85	810	23	0,6	1,40
120 m E	158	492	9	0,6	0,33	—	—	—	—
150 m E	149	238	5	0,5	0,19	—	—	—	—
immissionsfern	34	304	7	0,2	0,04	60	2	0,2	0,11

Tabelle 3
Frischmasse und Chloridgehalt von Apfelblättern und -früchten neben einer Feuerverzinkerei (B) im Vergleich zu nicht beeinflußten Proben (A)

		Sorte 'Golden Delicious'		Sorte 'Albrecht'	
		A	B	A	B
Entfernung von der Emissionsquelle (m)		4000 S	100 SW	4000 S	150 E
Blätter	Ø Frischmasse pro Stück (g)	0,80	0,32	1,00	0,21
	(rel. %)	100	40	100	21
	Chloridgehalt (% i. TS)	0,065	0,403	0,065	0,604
	(rel.)		6,2fach		9,3fach
Früchte	Ø Frischmasse pro Stück (g)	123	97	217	123
	(rel. %)	100	79	100	57
	Chloridgehalt (% i. TS)	0,046	0,048	0,043	0,079
	(rel.)		1,1fach		1,7fach

Substanzen. Die Haftfähigkeit ist nicht nur von der Oberflächenstruktur, sondern auch von der Löslichkeit der abgeschiedenen Stoffe abhängig. Während z. B. NH_4Cl gut wasserlöslich ist und vom Regen praktisch vollständig abgewaschen werden kann (ungeachtet eines inzwischen erfolgten Schädigungseffektes), bleibt das schwerlösliche ZnO relativ lange haften. Der Zn-Nachweis ist deshalb zur Bioindikation meist besser geeignet als die Chloridanalyse, obgleich NH_4Cl in der Regel gegenüber den Zn-haltigen Bestandteilen der Exhalate dominiert; aber auch bei Chlorid erfolgt — insbesondere bei Vorliegen von gasförmigem HCl — eine Akkumulation im Verlaufe der Vegetationszeit.
Ein Beispiel für die Fremdstoffbeaufschlagung von Blättern in gestaffelter Entfernung von einer Feuerverzinkerei ist in Tabelle 2 zusammengestellt. Dabei fällt die starke Anreicherung von Zink und von Chlorid auf. Die Akkumulationsrate der weiteren in die Untersuchung einbezogenen Elemente bleibt vergleichsweise kleiner als die der Hauptbestandteile der Exhalate. Die ständige (chronische) Einwirkung der Exhalate führt — wie bei anderen Immissionen — zu einer Einschränkung der pflanzlichen Stoffproduktion, wobei in erster Linie die physiologischen Prozesse im Blatt betroffen werden: die in der Umgebung einer anderen Feuerverzinkerei durchgeführten Untersuchungen (Tabelle 3) lassen eine relativ stark verminderte Bildung der Blattfrischmasse neben einer hohen Chloridanreicherung in den Blättern erkennen. Die Auswirkungen auf die Früchte und deren Chloridgehalt sind demgegenüber wesentlich geringer (analoge Feststellungen liegen seit langem für andere, z. fluorhaltige Immissionen vor).

3.3. Experimentelle Untersuchungen

Während der Monate Juli und August wurde in einem Garten in immissionsferner Lage ein ausgewähltes Pflanzensortiment mit Salzlösungen besprüht. Bei den drei Wiederholungen herrschten jeweils unterschiedliche Wetterlagen vor (Regen, relativ trockene Tage, morgendlicher Taufall). Das Versprühen der äquivalenten, je 500 mval Chlorid enthaltenden wässrigen Lösungen erfolgte mit Hilfe eines in der Papierchromatografie gebräuchlichen Zerstäubers aus 20 bis 25 cm Entfernung so, daß von jeweils 5—6 Blättern einer Pflanze Ober- und Unterseite vom Aerosol erreicht wurden; der Verbrauch an Lösung betrug dabei pro Pflanze ca. 2 ml.

Erste Schädigungen der in der zweiten Tageshälfte besprühten Blätter zeigten sich am nächsten Tag, traten aber oft erst nach zwei Tagen deutlich hervor und verstärkten sich dann noch bzw. breiteten sich weiter aus. Nach ein, zwei und sechs Tagen erfolgte die Bonitur der sich an den Blättern entwickelnden sichtbaren Schädigungen nach einem fünfstufigen Schlüssel. Die Ergebnisse sind in Tabelle 4 zusammengestellt, wobei die geprüften Pflanzenarten nach der beobachteten, ungefähren Rangfolge der Intensität der Schädigung durch NH_4Cl geordnet wurden.
Form und Farbe der Nekrosen bzw. Chlorosen sind je nach der Pflanzenart unterschiedlich. Insbesondere bei HCl, aber auch bei den Salzlösungen treten neben den wenig spezifischen Schädigungen am Blattrand und auf der Blattoberfläche kleinpunktige Sprenkelungen auf. Für die Einwirkung von NH_4Cl-Aerosol lassen sich folgende Symptome beschreiben:

Kopfsalat: brauner Blattrand, punktförmige bis unregelmäßige braune Flecke auf den Blättern;
Himbeere: große graugrüne bis graubraune Flecken zwischen den Blattrippen;
Johannisbeere: dunkelbrauner Blattrand;
Tomate: graugrüne bis graubraune Blattränder, Blattränder werden eingerollt, glasige Aufhellungen und weiße Punkte;
Bohne: helle Blattspitzen, punktförmige Chlorosen;

Wein: braune, unregelmäßige Fleckennekrosen;
Apfel: rotbraune, unregelmäßige Fleckennekrosen;
Weide: jüngste Blätter brauner Rand und kleine braune Flecken.

Tabelle 4
Sichtbare Schädigungen an Blättern nach Versprühen chloridhaltiger Lösungen (500 mval Cl') nach 2 Tagen bzw. (in Klammer) nach 6 Tagen bonitiert.
0 = ohne Wirkung, 1 = leichte Blattrandnekrosen; 5 = gesamte Blattfläche nekrotisch

	HCl	NH_4Cl	NaCl	KCl	$MgCl_2$
Kopfsalat (*Lactuca sativa* L. var. *capitata*)	4 (5)	3 (4)	2 (3)	2 (3)	2 (3)
Himbeere (*Rubus idaeus* L.)	4 (5)	3 (4)	2 (3)	2 (3)	1 (2)
Apfel (*Malus domestica* Borkh., 'Ontario')	4 (4)	2 (3)	1 (2)	1 (1)	1 (2)
Rote Johannisbeere (*Ribes petraeum* Wulf.)	3 (4)	2 (2)	1 (1)	0 (1)	0 (1)
Wein (*Vitis vinifera* L.)	2 (3)	2 (2)	1 (2)	1 (2)	1 (2)
Tomate (*Lycopersicum esculentum* L.)	4 (5)	1 (2)	0 (1)	0 (1)	1 (1)
Bohne (*Phaseolus vulg.* L.)	3 (4)	1 (2)	2 (3)	1 (2)	1 (2)
Pflaume (*Prunus domestica* L.)	3 (4)	1 (2)	2 (3)	1 (2)	1 (2)
Weide (*Salix caprea* L.)	2 (2)	1 (1)	1 (1)	0 (1)	0 (1)
Weymouthskiefer (*Pinus strobus* L.)	0 (0)	0 (0)	0 (0)	0 (0)	0 (0)

Die in Tabelle 4 als Mittel von drei Besprühversuchen erhaltenen Resultate lassen erkennen, daß NH_4Cl in vielen Fällen stärker schädigend wirkt als die übrigen Salze und somit zwischen der hohen Phytotoxizität von HCl und den ebenfalls als pflanzenschädigend bekannten Alkalichloriden einzuordnen ist.

Bei allen Versuchen konnte festgestellt werden, daß Kopfsalat zu den gegen Salzaerosole und HCl empfindlichsten Pflanzen des getesteten Sortimentes zählt.[2] Auch STOUT (1932) sowie GARBER (1964) wiesen bereits auf schwere Schäden an Salat durch Besprühen mit Salzlösungen hin. Demgegenüber konnte bei den eigenen Versuchen die hohe Empfindlichkeit von Bohnenblättern nicht bestätigt werden. An den Nadeln von Weymouthskiefern traten unter den gewählten Versuchsbedingungen keinerlei Schädigungen auf.

4. Diskussion

Untersuchungen über die schädigenden Wirkungen von Chloriden auf Pflanzen haben seit mehr als einem Jahrzehnt an Bedeutung zugenommen, da Chloride eine relativ hohe Phytotoxizität besitzen (EWERT 1979b) und neben bereits länger bekannten Emissionsquellen, wie die chemische Industrie und die Kaliindustrie (EWERT und DÄSSLER 1967, GARBER 1968), weitere vegetationsschädigende Abprodukte bekannt geworden

[2] Bei der in der Literatur gelegentlich vorgenommenen Einstufung von Kopfsalat als „chloridverträglich" ist nicht die Wirkung über das Blatt, sondern über den Boden und die Wurzeln gemeint. Hafer dagegen verträgt Chloridaerosole recht gut, ist jedoch empfindlich auf hohen Chloridgehalt des Bodens (CRECELIUS u. a. 1976).

sind. Hierzu zählen beispielsweise die Verbrennung von Salzkohle (EWERT 1969, LUX 1970), die Verbrennung von PVC-Müll (BÖRTITZ und DÄSSLER 1971) und die Anwendung von Straßen-Auftausalzen (DÄSSLER u. a. 1975, KÜHNBERGER und MAHN 1976).

Bei der Wirkung von Chloriden auf die Vegetation ist grundsätzlich zu unterscheiden zwischen

— der Aufnahme von Chloridionen, die dem Boden zugeführt wurden, durch die Wurzeln und
— der unmittelbaren Einwirkung gas-, aerosol- und staubförmiger Chloride auf oberirdische Pflanzenteile (Blätter).

Während HCl-haltige Abgase häufig allein auftreten, finden sich bei einigen Immissionstypen beide der genannten Einwirkungsformen nebeneinander. Das trifft insbesondere für die Kaliindustrie zu, wo neben HCl und SO_2 vor allem Salzstäube für die Pflanzenschädigungen verantwortlich sind.

Der größte Teil bisheriger Veröffentlichungen über die Wirkung von Chlorid auf Pflanzen war dem Einfluß von Chloriden über den Boden gewidmet (Kultur- und Keimversuche mit Chloridzusatz zu Modellböden, Wirkung von Salzkohlenasche und Auftausalzen). Angaben zur Salzresistenz oder Chloridverträglichkeit sind deshalb fast stets als Wirkung über Boden und Wurzel zu verstehen. In weiteren Arbeiten wurde die Wirkung HCl-haltiger Immissionen auf die Vegetation untersucht bzw. eine experimentelle Einwirkung von HCl auf Pflanzen zur Resistenzprüfung vorgenommen (DÄSSLER und EWERT 1969, EWERT und DÄSSLER 1969).

Bei langanhaltenden oder sich häufig wiederholenden HCl-Immissionen nimmt der Chloridgehalt im Pflanzenmaterial ständig zu; sobald dann Schädigungen sichtbar werden, verstärken sich diese parallel zur Chloridzunahme. Höhere HCl-Konzentrationen, die sehr rasch akute Schädigungen (Nekrosen) verursachen, lassen dagegen nur selten einen Zusammenhang zwischen Chloridgehalt und Schädigungsgrad erkennen, da in dieser kurzen Zeit zwar empfindliche Pflanzenteile nekrotisiert, aber nicht genügend HCl von der Pflanze zu Chlorid umgesetzt und akkumuliert worden ist (DÄSSLER und EWERT 1969, CRECELIUS u. a. 1976, DÄSSLER 1981). Bei aufgestäubten Salzen wäscht der Regen einen Teil der Salze wieder ab (EWERT 1979b); dadurch wird trotz der phytotoxischen Wirkung der chemische Nachweis erschwert oder wenig aussagekräftig.

Untersuchungen zur direkten Einwirkung chloridhaltiger Salze auf grüne Pflanzenteile wurden durch Seewasseraerosolschädigungen an der Nordseeküste veranlaßt (GARBER 1964), später aber nur sporadisch fortgeführt. GARBER (1964) erhielt nach Versprühen 1—5%iger Salzlösungen (NaCl, Na_2CO_3, $NaNO_3$, NaF, K_2SO_4 und Meersalz) Nekrosen an Blattspitzen und -rändern und hebt die vergleichsweise starke Wirkung von NaCl hervor. EWERT (1979b) stäubte NaCl, KCl und Kalisalze auf Pflanzenblätter; danach entstanden kleine, sich rasch ausbreitende Nekrosen. Diese Wirkung erhöhte sich, wenn die Stäube auf feuchte Pflanzenteile aufgebracht wurden. Die „. . . Salzstäube können sowohl durch die Spaltöffnungen als auch in gelöster Form durch die Außenwände der Epidermiszellen in das Pflanzeninnere gelangen . . . Voraussetzung für das Eindringen der Salze in die Pflanze ist das zum Lösen notwendige ausreichende Vorhandensein von Feuchtigkeit . . .“ (EWERT 1979b). CRECELIUS u. a. (1976) verglichen die phytotoxische Wirkung von HCl als Gas und Aerosol mit der von NaCl-Aerosol und stellten fest, daß sich beide Formen der HCl-Applikation nicht unterscheiden und daß die Phytotoxizität von HCl etwa zehnmal so groß ist wie die von NaCl. BUSCHBOM (1972) hat an zahlreichen Gehölzen Benetzungsversuche mit starken NaCl-Lösungen durchgeführt und konnte unterschiedlich NaCl-empfindliche Pflanzenarten ermitteln. SCHINDLER (1969) bezog neben NaCl- u. a. auch NH_4Cl-Aerosole in seine Versuche ein und ermittelte bei den von ihm getesteten Pflanzen für beide Salze eine etwa gleichgroße Phytotoxizität. Einige in der Literatur mitgeteilten Versuchsergebnisse sind jedoch schwer vergleichbar, da meist nicht mit äquivalenten Salzlösungen, sondern solchen mit gleicher Salzkonzentration gearbeitet wurde.

Die hier mitgeteilten experimentellen Einwirkungen fein versprühter, äquivalenter Salzlösungen auf Pflanzenblätter bestätigen die wesentlich stärkeren Schädigungseffekte von HCl gegenüber NaCl bzw. KCl. Andererseits zeigte sich aber bei den untersuchten Pflanzen, daß NH_4Cl vergleichsweise meist stärker wirksam ist als NaCl bzw. KCl. Für das Ausmaß der akuten Schädigung ergab sich bei den untersuchten Pflanzen folgende Reihe:

$$HCl \gg NH_4Cl > NaCl \sim KCl\,.$$

Bei den Exhalaten von Verzinkereien stehen als vegetationswirksamste Immissionsbestandteile HCl und NH_4Cl im Vordergrund, die neben chronischen Schädigungen bei schadverschärfenden Wetterlagen (hohe Luftfeuchte, Nebel) erhebliche akute Schädigungen verursachen können. Demgegenüber treten die Einflüsse dieser und weiterer Immissionsbestandteile über den Boden in vielen Fällen erst an zweiter Stelle in Erscheinung.
Die wenigen Arbeiten, die über Messungen oder Wirkungen von Immissionen aus Verzinkereien berichten, lassen deutlich eine unterschiedliche Auswahl in der Erfassung und Bewertung der Immissionsbestandteile erkennen. Das hat seine Ursache sowohl in technologischen Problemen (Kontrolle der Rückhaltung bestimmter Abprodukte) als auch in unterschiedlichen Gesichtspunkten, die berücksichtigt werden müssen, wenn entweder hygienische bzw. lebensmittelhygienische Belange der direkten Wirkung auf den Menschen oder aber pflanzenbauliche Fragen zur Diskussion stehen. Das soll die folgende Übersicht (Tabelle 5) veranschaulichen.

Tabelle 5
Bedeutung einiger Imissionsbestandteile aus Verzinkereien

Immissionen	a) Beizbad	— HCl			
	b) Zinkbad	— NH_4Cl (bzw. NH_3 + HCl), NH_3			
		— $ZnCl_2$, ZnO, Zn			
		— Pb; ggf. Cd, $AlCl_3$, Al_2O_3			
Wirkung auf	Mensch	Pflanze			
in Form von	Belästigung	akuter Schädig.	chronischer Schädig.	Akkumulation	
				b. Lebensmitteln	z. Bioindikation
vor allem durch	— HCl — Schwebstaub (Salzaerosole; Pb)	— HCl — Salzaerosole (Cl') — NH_3	— Zn (auch über den Boden) — Chloride	— Pb — Cd — Zn	— Zn — Cl

In der Praxis liegen die Verhältnisse meist komplizierter, wenn Verzinkereien nicht isoliert betrieben werden, sondern anderen metallurgischen bzw. technischen Produktionsbetrieben angegliedert sind, die über weitere lokalspezifische Emissionsquellen, wie Gießereien oder Galvanikabteilungen verfügen. Neben den bereits genannten Immissionen treten dann gelegentlich fluorhaltige Abgase auf, und es können sich auch Elemente wie Cr, Ni, Zn, Cd, As — aus Immissionen, abgelagerten Badrückständen oder Abwässern — im Boden anreichern und in bestimmten Bodenarten sogar nachhaltig, d. h. auch noch nach Wegfall der betreffenden Immissionen, wirksam bleiben. Außerdem werden einige dieser Elemente, vor allem Zn und Cd, von der Pflanze aus dem Boden über die Wurzel aufgenommen und gelangen auf diesem Weg sowie durch an Pflanzenteilen anhaftende Erdteilchen in die Nahrungskette.

Die Verminderung der pflanzenschädigenden und hygienisch belastenden Wirkungen von Exhalaten aus Feuerverzinkereien obliegt (gemäß § 12 der 5. DVO zum Landeskulturgesetz; o. V. 1973) den Emittenten durch Einhaltung der erforderlichen Emissionsgrenzwerte und sachgemäßes Betreiben und Warten geeigneter Abgasreinigungsanlagen. Dabei ist zu beachten, daß periodische Spitzenkonzentrationen ungeachtet des langfristigen Mittelwertes pflanzenphysiologisch besonders stark wirken und bestimmte Wetterlagen schadauslösend bzw. -verschärfend sind (Dässler 1981). Einige Untersuchungen über die Wirksamkeit von Abscheidern und Vorschläge für Abgasreinigungsanlagen wurden in der Literatur beschrieben (Bernert und Janott 1965, Welzel 1968, Schwanecke 1974, Malyska u. a. 1979).
Für Maßnahmen im Pflanzenbau im Sinne einer Anpassung an derzeit noch nicht vermeidbare Immissionen (§ 13 der 5. DVO zum Landeskulturgesetz; o. V. 1973) lassen sich jedoch wegen der unterschiedlichen Zusammensetzung der Immissionen keine allgemein gültigen Empfehlungen ableiten; sie bedürfen stets einer Berücksichtigung lokaler Besonderheiten. Nach Kenntnis von Immission und Standort können einige Hinweise den vorstehend mitgeteilten Beobachtungen und Versuchen sowie aus den in der Literatur beschriebenen Angaben für die betreffenden Schadstoffe entnommen werden (z. B. Garber 1964, Schindler 1969, Dässler 1981). In einigen Fällen, wo empfindliche Kulturen in unmittelbarer Nachbarschaft von Verzinkereien und anderen Kleinemittenten stehen, sind Schutzpflanzungen zu empfehlen (Dässler 1981). Sie werden aus relativ immissionsresistenten Gehölzen mit gutem Wiederaustreibevermögen ein- oder mehrreihig angelegt und dienen zur Ablenkung und besseren Verteilung von Luftverunreinigungen, sind jedoch nur bei bodennahen Emissionen zum Schutz der hinter dieser Baumkulisse stehenden niedrigen Kulturen wirksam. Zu diesem Zweck haben sich u. a. einige spezielle Pappelsorten bisher gut bewährt (wenn der Standort für ihren Anbau geeignet ist), da sie schnellwüchsig sind und bei akuten Schädigungen nach vorübergehender hoher Abgasbelastung rasch wieder austreiben.

Aus den vorliegenden Untersuchungen ergeben sich folgende Hinweise:
- Die Abluft der Beizbäder muß entsprechend der gesetzlichen Festlegungen von HCl gereinigt werden;
- Die Zinkbäder müssen mit wirksamen Absorbern betrieben werden, da NH_4Cl-Aerosole ebenfalls phytotoxisch wirken, und um weitere, hygienisch relevante oder bodenbelastende Staubbestandteile zurückzuhalten;
- Stoßartige Exhalate (z. B. von NH_4Cl) sind durch sachgemäßes Beschicken der Bäder zu vermeiden;
- In Fällen noch nicht abwendbarer Immissionen sollten empfindliche Pflanzen unter Berücksichtigung der Standorteignung durch resistentere ersetzt werden; gärtnerische Erzeugnisse bedürfen gegebenenfalls einer Überwachung auf die Kontamination mit Fremdstoffen (Zn, Pb, Cd) durch zuständige Institutionen.

5. Zusammenfassung

Phytotoxisch wirksamste Immissionsbestandteile aus Feuerverzinkereien sind Chloride: sowohl HCl aus dem Beizbad als auch NH_4Cl (und ggf. $ZnCl_2$) aus dem Zinkbad.
Begünstigend für die Wirkung der Chloride, insbesondere der Salzaerosole, auf Pflanzen sind besondere Wetterlagen (Nebel, Inversionen), die die Immissionen bodennah konzentrieren und die Schadstoffwirkung auf die Blätter fördern (hohe Luftfeuchte bei ausreichender Strahlung). Der Wirkungskreis ist in der Regel auf wenige hundert Meter begrenzt, jedoch stark abhängig von örtlichen Gegebenheiten.
Das Auftreten weiterer Schadstoffe (NH_3, ZnO, $ZnCl_2$, Pb- und Cd-Verbindungen) ist abhängig von rohstoffspezifischen und technologischen Parametern. Außer bei NH_3 überwiegt bei diesen Stoffen die Kontamination der Pflanzenteile gegenüber Schädigungseffek-

ten. Bei gartenbaulichen Erzeugnissen ist eine spezielle lebensmittelhygienische Bewertung anzuraten.

Резюме

Исследования по влиянию продуктов эксгаляции заводов огневого цинкования на растительность

Самыми действующими относительно фитотоксичности составными частями имиссии из заводов огневого цинкования являются: и HCl из травильного раствора, и NH_4Cl и $ZnCl_2$ из цинковой ванны.

Способствующими факторами для влияния хлоридов, в частности соляных аэрозолов на растения являются особые погодные условия (туман, инверсии), которые концентрируют имиссии вблизи почвы и подерживают влияние вредных веществ на листья (высокая влажность воздуха при достаточном излучении). Область действия как привало ограничена на немногие ста метров, но сильно зависит от местных обстоятельств.

Появление других вредных веществ (NH_3, ZnO, $ZnCl_2$, соединения Pb и Cd) зависит от специфичных относительно сырья и технологических параметров. С исключением NH_3 у этих веществ контаминация в частях растений сильнее чем эффекты повреждения. При садоводческих продуктах была бы полезна специальная оценка по гигиене питания.

Summary

Investigations to the effect of exhalation of heating zinc systems on vegetation

The most phytotoxically effective immission ingrediants from heating zinc systems are chlorids: HCl from the mordanting bath as well as NH_4Cl (and eventual $ZnCl_2$) from the zinc bath. Weather conditions (fog, inversions) which concentrate the immisions near the soil and promote the effects of the harmful substances on the leaves (high atmospheric humidity with sufficient radiation) favour the effects of the chlorids especially those of the salt aerosols. The effective range is normally limited to a few 100 metre, but is very much dependent on the local conditions.

The occurrence of further harmful substances (NH_3, ZnO, $ZnCl_2$, Pb and Cd-compounds) is dependent on raw material specific and technological parameters.

Besides NH_3 at these substances the contamination of the plant parts prevail compared with damage effects. In the case of horticultural products a special victual-hygienic valuation is recommended.

Literatur

BERNERT, J.; JANOTT, H.: Erfahrungen bei Emissions-Untersuchungen an Feuerverzinkungsanlagen. Wasser, Luft und Betrieb 9 (1965), 670—675

BÖRTITZ, S.: Bedeutung „unsichtbarer" Einflüsse industrieller Immissionen auf die Vegetation. Biolog. Zentralblatt 93 (1974), 341—349.

BÖRTITZ, S.; DÄSSLER, H.-G.: PVC-Müll als Ausgangspunkt für Pflanzenschädigungen. Nachrichtenbl. Pflanzenschutzdienst DDR 25 (1971), 34—36.

BUSCHBOM, U.: Salzresistenz oberirdischer Sproßteile von Holzgewächsen. Flora, B 157 (1968), 527—561.

CRECELIUS, H.-J.; FORWERG, W.; ZAHN, R.: Vergleichende Untersuchungen der phytotoxischen Wirkung von Chlorwasserstoff-Gas, Chlorwasserstoff-Aerosolen und Natriumchlorid-Aerosolen. Staub-Reinh. d. Luft 36 (1976), 201—205.

DÄSSLER, H.-G.: Einfluß von Luftverunreinigungen auf die Vegetation. VEB Gustav Fischer Verlag Jena, 2. Aufl., 1981.

DÄSSLER, H.-G.; EWERT, E.; Zum Nachweis von Chlorwasserstoffschäden an Pflanzen. Biolog. Zentralblatt 88 (1969), 209—213.

DÄSSLER, H.-G.; BÖRTITZ, S.; LIESSNER, A.: Zur Phytotoxizität von Auftausalzen. Arch. Naturschutz u. Landschaftsforsch. 15 (1975), 69—76.

EWERT, E.: Die phytotoxischen Bestandteile in den Exhalaten von Salzkohleverbrennungsanlagen. Luft- u. Kältetechnik 5 (1969), 144—146.

EWERT, E.: Zur Phytotoxizität von Ammoniak. Hercynia, N. F., 16 (1979a), 75—80.

EWERT, E.: Zur schädigenden Wirkung von Chloriden auf grüne Pflanzen. Wiss. Z. TU Dresden 28 (1979b), 1613—1616.

EWERT, E.; DÄSSLER, H.-G.: Emissionen der Kaliindustrie und ihre Einwirkungen auf die Vegetation. Biol. Zentralblatt 86 (1967), 79—88,

EWERT, E.; DÄSSLER, H.-G.: Schädigungen von Pflanzen durch Chlorwasserstoff. Umschau i. Wiss. u. Technik 1969, H. 25, S. 839—841.

GARBER, K.: Über die Bedeutung der Salzaerosole in der Luft für die Pflanzen. Zentralbl. f. biol. Aerosolforschung 12 (1964), 24—33.

GARBER, K.: Untersuchungen zur Frage der Schädigung von Waldbeständen in der Nähe eines Kaliwerkes. Referate d. VI. Internat. Arbeitstagung forstl. Rauchschadensachverst., Katowice 1968, S. 429—438

KIRSCH, H.; SCHWINKOWSKI, K.: Immissionsmessungen von Schwebstaub, Blei und Chlorwasserstoff im Einwirkungsbereich einer Feuerverzinkerei und Möglichkeiten zur Begrenzung der Schadstoffe. Z. ges. Hygiene Grenzgeb. 20 (1974), 413—415

KÜHNBERGER, R.; MAHN, E. G.: Untersuchungen zum Einfluß von Magnesiumchlorid-Sole und *Puccinellia distans* (JAQU) PARL. und Lolium perenne L. Arch. Naturschutz u. Landschaftsforschg. 16 (1976), 71—82.

LUX, H.: Über die toxische Wirkung salzhaltiger Braunkohlenasche auf Jungkiefern. Arch. f. Forstwesen 19 (1970), 829—842.

MALYSKA, G.; MÜLLER, G. F.; VIEWEG, H.: Emissionen aus Feuerverzinkereien. Luft- u. Kältetechnik 15 (1979), 221—224.

SCHINDLER, E.: Untersuchungen über Schäden an Nutzpflanzen durch chloridhaltige Aerosole. Dipl.-Arbeit Math. nat. Fakultät Universität Hamburg (BRD), 1969.

SCHWANECKE, R.: Emissionen aus Feuerverzinkereien. Wasser, Luft und Betrieb 18 (1974), 208—211.

STOUT, G. I.: Chlorine injury to lettuce and other vegetation. Calif. Dept. Agric. Monthly Bull 21 (1932), 340—344.

WELZEL, K.: Die Emissionen der Feuerverzinkungsanlagen und Maßnahmen zur Emissionsminderung. Schriftenreihe Landesanst. Immissions- u. Bodennutzungsschutz d. Landes Nordrhein-Westfalen (BRD) 1968, H. 10, S. 7—15.

o. V.: Landeskulturgesetz der DDR, 5. Durchführungsverordnung. Gesetzblatt der DDR, Teil I, Nr. 18, vom 24. 4. 1973.

Eingegangen: 3. 11. 1981

Prof. Dr. H.-G. DÄSSLER; Dr. habil. S. BÖRTITZ
Techn. Univ. Dresden Sekt. Forstwirtschaft
Wissensch.-Bereich Pflanzenchemie
DDR 8223 Tharandt
Pienner Str. 21/23

Arch. Naturschutz u. Landschaftsforsch., Berlin **22** 1982, 3, S. 169—175

VEB Kombinat KALI, Sondershausen, Außenstelle Erfurt, DDR

Eberhard Uebel

Einfluß einer Mineraldüngung auf höhere Pilze und die Mykorrhizabildung auf einer aufgeforsteten Ackerfläche[1]

1. Einleitung

Die weitere Intensivierung der Forstwirtschaft führt vor allem auf ärmeren und mittleren Standorten zu einer zunehmenden Anwendung der Mineraldüngung. Die verabfolgten Nährstoffgaben fördern dabei nicht nur die Rohholzproduktion, sondern verändern das gesamte Ökosystem des betreffenden Standortes in mannigfacher Weise. Eine Erfassung des Einflusses der Düngung auf die höheren Pilze ist dabei sowohl in landeskultureller Hinsicht als auch im Hinblick auf eine angestrebte gezielte Steuerung der bodenfruchtbarkeitsbeeinflussenden Stoffbildungs- und Stoffumsetzungsprozesse von besonderem Interesse.
Anhand der Ergebnisse eines Nährstoffmangelversuches zu Kiefer sollen die Wirkungen der Düngung auf mykorrhizabildende und saprophytische Großpilzarten sowie die Mykorrhizafrequenz auf einem ehemaligen Ackerstandort bestimmt werden.

2. Material und Methoden

Der Versuch (Trillmich, Uebel, Chrzon 1980) liegt im Staatlichen Forstwirtschaftsbetrieb Templin und befindet sich damit im südlichen Bereich des Ostmecklenburg-Nordbrandenburger-(Linden)-Traubeneichen-Buchengebietes. Er gehört zum Gebiet der Makroklimaausbildung β, der schwächer maritim beeinflußten Nordbrandenburger Klimavariante.
Die Standortsform ist ein Hennigsdorfer Sand-Braungley, der nach KOPP (1969) zur Standortsgruppe „degradierte, überdurchschnittlich wasserversorgte, mäßig nährstoffhaltige Standorte — DM1“ gehört.
Die Bestandesbegründung erfolgte 1959 mit 1jährigen Kiefernsämlingen als Ödlandaufforstung auf einer ehemaligen Ackerfläche im Pflanzverband $1{,}65 \times 0{,}40$ m.
Der Versuch wurde mit 2 Blöcken und 6 Versuchsgliedern (Tab. 1) auf 1780 m^2 großen Parzellen angelegt. Die Startdüngung erfolgte 1960—64. In den Jahren 1976—78 wurde eine Nachdüngung vorgenommen. Bei der Nachdüngung wurde kein P verabfolgt, da sich die P-Düngung auf dem geprüften Standort als nicht erforderlich erwiesen hat. Das P-freie NKMg-Versuchsglied erhielt keine Nachdüngung.
Das vorliegende Versuchsschema gestattet somit eine Beurteilung des NKMg-Startdüngungseffektes (Vergleich Versuchsglied VG 1 und 2), des Effektes der NKMg-Nachdüngung (Vergleich VG 2 und 6) sowie der Wirkung der Nährstoffkomponenten N (Vergleich VG 3 und 6), K (Vergleich VG 4 und 6) und Mg (Vergleich VG 5 und 6).
Die Pilzbestimmung wurde in den Jahren 1976—1978 auf ca. 150 m^2 großen Meßflächen innerhalb der Düngungsparzellen vorgenommen. Je nach dem Pilzaufkommen reichte der jeweilige Untersuchungszeitraum, mit zeitlichen Abweichungen in den einzelnen Jahren, maximal von Ende Juli bis Anfang Dezember. Bei der Pilzbestimmung wurden in 7 bis 10 Aufnahmen je Sammelperiode alle Pilze innerhalb der Meßflächen erfaßt und getrennt nach Pilzarten Anzahl und Erntefrischmasse der Fruchtkörper festgestellt.
Die Zuordnung der einzelnen Pilzarten zu ökologischen Gruppen erfolgte nach Michael, Hennig und Kreisel (1975) und Ritter und Tölle (1978).

[1] Vortrag anläßlich der Tagung der Sektion Physiologie und Biochemie der Pflanzen der Biologischen Gesellschaft der DDR vom 26.—29. 10. 1980 in Kühlungsborn.

Tabelle 1
Nährstoffgaben in kg/ha

Düngungsjahre	Nährstoff	Versuchsglied					
		0 1	NKMg 2	(P)KMg 3	N(P)Mg 4	N(P)K 5	N(P)KMg 6
1960—64	N	—	240	—	240	240	240
	P	—	—	105	105	105	105
	K	—	400	400	—	400	400
	Mg	—	145	145	145	—	145
1976—78	N	—	—	—	300	300	300
	K	—	—	250	—	250	250
	Mg	—	—	60	60	—	60

Tabelle 2a
Mykorrhizabildende Großpilzarten — Einfluß der Düngung auf Vorkommen und Häufigkeit[2]

Pilzart	Versuchsglied					
	ohne Nachdüngung		mit Nachdüngung			
	O	NKMg	KMg	NMg	NK	NKMg
Inocybe geophylla	++++	++	+++	+++	+++	++++
Amanita vaginata Amanita fulva	+++	+++	+++	+++	+++	+++
Lactarius rufus	++++	+++	+++	++	++	+++
Tricholoma equestre	+++	+++	++	+	+	++
Amanita muscaria	+++	++	+	++	++	++
Tricholoma portentosum	+++	++	++	++		++
Suillus variegatus	++	++	++	+	+	++
Dermocybe cinnamomea	++	++	++	++		++
Paxillus involutus	++	++	+++	+	+	+
Boletus edulis	+	+	+	+	+	++
Tricholoma albobrunneum	++	+	++			
Russula vesca	+	++	+			
Hebeloma crustuliniforme		++	+			
Russula decolorans		+	+			
Tricholoma imbricatum		+		+		
Thelephora terrestris	+++	+			+	
Laccaria laccata	++	+			+	
Suillus luteus	++				+	
Tricholoma sulphureum	+				+	
Cortinarius traganus		+				
Craterellus cornucopioides	+					
Amanita rubescens	+					
Sarcodon imbricatus			+			
Xerocomus badius				+		+

[2] + < 100 St/ha · a
++ 100—1000 St/ha · a
+++ 1000—5000 St/ha · a
++++ >5000 St/ha · a

Tabelle 2b
Saprophytische Großpilzarten — Einfluß der Düngung auf Vorkommen und Häufigkeit[2]

Pilzart	Versuchsglied					
	ohne Nachdüngung		mit Nachdüngung			
	O	NKMg	KMg	NMg	NK	NKMg
Clitocybe pithyophila	+++	+++	+++	+++	+++	+++
Marasmius androsaceus	++++	+++	+++		++	++++
Clitocybe clavipes	++	+++	++	++	++	+++
Cystoderma amianthinum	+++	++	++	++	++	+
cf. Hygrocybe punicea	++	++	++	++	++	+
Marasmius scorodonius	++	++	++	++	+	+
Megacollybia platyphylla	++	+	++	+	++	+
Marasmius oreades	+++	++	+	+		+
Hygrophoropsis aurantiaca	+	++		+	+	+
Clitopilus prunulus		+				++
Mycena galericulata	++	+			+	+
Xeromphalina campanella	+			+		+
Melanoleuca melaleuca	+	+	+			
Lyophyllum aggregatum	+		+		+	
Collybia butyracea	++	+++		+	+	
Calodon melaleucus	++++	+				
Rickenella fibula		+				
Clitocybe dealbata	+					
Hypholoma capnoides	+					
Pholiota squarrosa	+					
Rhodophyllus porphyrophaeus			+			
Tricholomopsis rutilans				+		
Micromphale perforans					+	++
Clitocybe rivulosa						++
Armillariella mellea s. l.						+

[2] + < 100 St/ha · a
++ 100—1000 St/ha · a
+++ 1000—5000 St/ha · a
++++ >5000 St/ha · a

Die Mykorrhizafrequenz (Anteil der verpilzten Kiefernkurzwurzeln in Prozent der Gesamtkurzwurzelanzahl der Kiefer) wurde 1979 für eine Bodenzone von 0—10 cm aus 20 Proben je Versuchsglied nach RITTER und TÖLLE (1978) bestimmt.
Die ertragskundlichen Messungen erfolgten an allen lebenden Pflanzen innerhalb von 1000 m² großen Meßflächen jeweils nach Vegetationsabschluß. Die zellulolytische Aktivität im Boden wurde mit dem Gazebeuteltest nach UNGER (1960) bestimmt.

3. Ergebnisse

Nach ca. 20 Jahren forstlicher Bewirtschaftung dieses ehemaligen Ackerstandortes wurden im Untersuchungszeitraum insgesamt 50 Großpilzarten (davon 25 mykorrhizabildende Großpilzarten [Symbionten] und 25 saprophytischen Großpilzarten [Saprophyten]) festgestellt (Tab. 2).
Die einzelnen Großpilzarten konnten nach ihrem Vorkommen auf den verschiedenen Versuchsgliedern drei Hauptgruppen zugeordnet werden (Tab. 2):

1. Arten, die sowohl auf nicht nachgedüngten als auch auf nachgedüngten Versuchsgliedern vorkamen,
2. Arten, die nur auf nicht nachgedüngten Versuchsgliedern anzutreffen waren,
3. Arten, die nur auf nachgedüngten Versuchsgliedern gefunden wurden.

Für die erste Hauptgruppe ergab sich anhand des Artenvorkommens die Möglichkeit einer weiteren Gruppierung nach der Reaktion der Pilze auf verschiedene Nährstoffkomponenten. Diese Gruppierungen machen mit einigen Einschränkungen spezifische Zeigerwerte einzelner Arten für Düngungsmaßnahmen deutlich, die durch die Angaben zur Gesamtstückzahl der Fruchtkörper in Häufigkeitsstufen noch weiter differenziert werden können.
Als ausgesprochen düngungsempfindlich erwiesen sich insbesondere die Symbionten *Amanita muscaria, Lactarius rufus, Thelephora terrestris* und *Tricholoma portentosum* sowie die Saprophyten *Calodon melaleucus, Cystoderma amianthinum* und *Marasmius oreades*. Diese Arten zeigten auf dem ungedüngten Versuchsglied die besten Entwicklungsbedingungen.
Die NKMg-Startdüngung begünstigte die Symbionten *Hebeloma crustuliniforme, Russula vesca* und die Saprophyten *Clitocybe clavipes, Collybia butyracea* und *Hygrophoropsis aurantiaca* in stärkerem Maße. *Cortinarius traganus* und *Rickenella fibula* kamen ausschließlich auf dem NKMg-Startdüngungsversuchsglied vor. Dagegen wurden die Symbionten *Sarcodon imbricatus* und *Xerocomus badius* sowie einige Saprophyten wie z. B. *Clitocybe rivulosa* und *Micromphale perforans* nur auf nachgedüngten Flächen angetroffen.
Als stickstoffintolerant zeigten sich vor allem die Symbionten *Hebeloma crustuliniforme, Paxillus involutus, Russula decolorans, Russula vesca* und *Tricholoma albobrunneum* sowie der Saprophyt *Melanoleuca melaleuca*. Die alleinige KMg-Düngung wurde in besonderem Maße von *Paxillus involutus*, aber auch von *Rhodophyllus porphyrophaeus, Sarcodon imbricatus* u. a. bevorzugt. Auf weitere Einzelheiten soll im Rahmen dieser Arbeit nicht eingegangen werden, deren Anliegen in erster Linie eine Gesamtbetrachtung des Düngungseinflusses ist.
Die meisten Pilzarten wurden auf den nicht nachgedüngten Versuchsgliedern O und NKMg angetroffen (Tab. 3). Die erneute NKMg-Düngung reduzierte die Artenzahl. Dieser Rückgang wurde vor allem durch eine starke Abnahme der Symbionten nach N-Düngung hervorgerufen. Sie konnte durch eine nach N-, K- und Mg-Düngung feststellbare Zunahme der Saprophytenarten nicht kompensiert werden. Insgesamt ergibt sich ein fördernder Einfluß der KMg-Düngung auf die Gesamtartenzahl der höheren Pilze.
Auf die Mykorrhizafrequenz der Kiefernwurzeln wirkte sich die NKMg-Startdüngung in geringem Umfang förderlich aus (Tab. 4). Die NKMg-Nachdüngung verringerte die My-

Tabelle 3
Anzahl der Großpilzarten in St. nach ökologischen Gruppen und gesamt

Pilzgruppe	Versuchsglied					
	ohne Nachdüngung		mit Nachdüngung			
	0 1	NKMg 2	KMg 3	NMg 4	NK 5	NKMg 6
Symbionten	18	18	15	12	12	11
Saprophyten	18	15	11	11	12	15
gesamt	36	33	26	23	24	26

Tabelle 4
Mykorrhizafrequenz in % und Großpilzvorkommen in St/ha · a und kg/ha · a

Meßgröße		Versuchsglied						GD
		ohne Nachdüngung		mit Nachdüngung				5%
		0	NKMg	KMg	NMg	NK	NKMg	
		1	2	3	4	5	6	
Mykorrhizafrequenz		79,4	80,5	78,0	74,2	71,9	75,1	2,7
St/ha	Symbionten	31900	8400	11600	6400	5700	9400	19,9
	Saprophyten	34700	9200	6800	4200	3900	29500	
	gesamt	66600	17600	18400	10600	9600	38900	5400
kg/ha	Symbionten	231,7	69,5	96,4	22,5	31,0	45,9	7600
	Saprophyten	26,1	33,6	8,1	7,9	7,6	22,3	
	gesamt	257,8	103,1	104,5	30,4	38,6	68,2	14,1

korrhizafrequenz. Dieser Effekt ist analog zu den Ergebnissen bei der Artenzahl auf einen negativen N-Düngungseinfluß zurückzuführen. Dagegen erhöhte sowohl die K- als auch die Mg-Düngung den Anteil der verpilzten Kurzwurzeln der Kiefer.

Die Anzahl der insgesamt je ha und Jahr gebildeten Fruchtkörper verminderte sich durch die NKMg-Startdüngung ebenso wie ihre Erntemasse je ha (Tab. 4). Bei den Saprophyten ergab sich jedoch eine Zunahme der Erntemasse durch die Düngung. Die NKMg-Nachdüngung erhöhte die Anzahl der mykorrhizabildenden und der saprophytischen Großpilze, verringerte jedoch bei beiden Pilzgruppen die Erntemasse je ha. Während die N-Düngung bei den Symbionten zu einer Abnahme der Stückzahl und der Erntemasse führte, erzielte sie bei den Saprophyten einen Anstieg dieser Parameter. Die K- und die Mg-Düngung verbesserten in jedem Fall Anzahl und Erntemasse der Großpilze im Rahmen einer NKMg-Düngung. Damit wird die besondere Rolle der KMg-Düngung auf diesem Standort unterstrichen.

Die Wirkung der Düngung auf die Stoffbildung wurde anhand der Gesamtwuchsleistung der Kiefer in Vfm/ha beurteilt. Sie zeigte einen hervorragenden Effekt der NKMg-Düngung auf das Kiefernwachstum (Tab. 5). Dabei führten bei relativ geringer N-Düngungswirkung die K- und Mg-Gaben zu erheblichen Wachstumsmehrleistungen der Kiefer.

Der Einfluß der Düngung auf den Stoffumsatz ist anhand des Zelluloseabbaues im Auflage-

Tabelle 5
Gesamtwuchsleistung 18jähriger Kiefern und Zelluloseabbau in % der Ausgangsmasse im Auflagehumus

Meßgröße	Versuchsglied					
	0	NKMg	KMg	NMg	NK	NKMg
	1	2	3	4	5	6
GWL Vfm/ha	71,4	142,3	131,5	122,7	99,0	145,5
ZA % 1970	4,9	n. b.	20,0	7,9	10,3	30,0

humus bestimmt worden. Die Zelluloseabbauwerte zeigten analog zu den Ertragswerten überragende K- und Mg- sowie verhältnismäßig geringe N-Düngungseffekte. Zwischen den Zelluloseabbauwerten und den Gesamtwuchsleistungen der Kiefer bestehen enge korrelative Beziehungen.

4. Diskussion

Auf dem geprüften vormals ackergenutzten DM1-Standort sind in erster Linie K und Mg Mangelfaktoren. Unter diesen Bedingungen stellt die Mykorrhizasymbiose eine günstige Partnerschaftsbeziehung zwischen Kiefer und Pilzsymbionten dar. Sie ermöglicht eine bessere Versorgung der Kiefer mit Nährstoffen.

Bei der Umwandlung von Acker- bzw. Ödlandstandorten in Waldstandorte haben die Symbionten in den ersten Wachstumsjahren der Kiefer eine vorrangige Bedeutung. Mit zunehmender Herausbildung einer Auflagehumusdecke gewinnen jedoch auch die streuzersetzenden Saprophyten für die Verbesserung der Nährstoffversorgung der Kiefern an Einfluß. Allmählich stellt sich eine Gleichgewichtsbeziehung ein.

Die KMg-Düngung fördert die Entwicklung beider ökologischer Pilzgruppen, während die N-Düngung die Entwicklung der Symbionten und der Mykorrhizafrequenz beeinträchtigt und lediglich die den Kreislaufprozeß stimulierenden streuzersetzenden Saprophyten begünstigt. Analog sind auch die Wirkungen der KMg-Düngung auf das Kiefernwachstum höher als die der N-Düngung (UEBEL, FIEDLER, 1977). Der allgemeine Rückgang des Pilzvorkommens nach Düngung weist in Verbindung mit den Zelluloseabbauwerten auf eine stärkere Aktivitätsverschiebung zwischen und innerhalb der ökologischen Pilzgruppen hin.

Die Düngung führt zu einer selektiven Begünstigung stoffwechselphysiologisch aktiverer Pilzarten.

Die vorliegenden Befunde stimmen mit den von RITTER und TÖLLE (1978) bei der Prüfung des Einflusses der N-Düngung erzielten Ergebnissen weitgehend überein. Sie weisen jedoch abweichend zu den herkömmlichen Auffassungen (BJÖRKMANN 1942, MEYER 1962 u. a.) die Bedeutung der K- und Mg-Düngung für mykorrhizabildende und saprophytische Großpilzarten nach.

Die Erfassung der Pilzentwicklung in der Nachdüngungsphase gestattet eine Bestimmung des direkten Düngungseinflusses. In der sich anschließenden Nachwirkungsphase ist mit Veränderungen des Düngungseffektes zu rechnen. Die Ergebnisse zeigen jedoch bereits jetzt, daß die hervorragenden Wirkungen der KMg-Düngung auf das Kiefernwachstum u. a. ursächlich auf ihre spezifischen Wirkungen auf die Pilzflora zurückzuführen sind.

Herrn Forst-Ing. S. CHRZON, Frau G. HABERER sowie der Arbeitsgemeinschaft „Mikrobiologie“ der POS Hammelspring wird für die Unterstützung bei der sorgfältigen Durchführung der Außenarbeiten gedankt.

Zusammenfassung

An Kiefern auf einer ehemaligen Ackerfläche (DM 1 Standort) wurde ein Nährstoffmangelversuch durchgeführt. Nach 20 Aufforstungsjahren wurden während einer dreijährigen Untersuchungsperiode 25 Mykorrhiza-Formen und 25 große saprophytische *Fungus*-Arten festgestellt. Kalium-Magnesium-Düngung begünstigte die Entwicklung der beiden ökologischen *Fungus*-Gruppen. Im Gegensatz dazu erwies sich Stickstoffdüngung als schädlich für die Entwicklung von Symbionten und auf die Mykorrhiza-Häufigkeit. Sie war nur für die Saprophyten günstig, die den Zirkulationsprozeß anregten. Analog dazu war die Wirkung von K Mg-Düngung auf das Kiefernwachstum höher als die von N-Düngung.

Резюме

Влияние минерального удобрения на высшие грибы и образование микоризмы на облесенной пахотной площади

Проведен опыт по нехватке в питательных веществах на соснах, растующих на бывшей пахотной площади (DM 1 место рпоизрастания). После 20 лет облесения за трехлетний исследовательский период обнаружены 25 форм микоризы и 25 больших сапрофитных видов грибов. Удобрение калием и магнием способствовало развитие этих двух экологических групп грибов. В противоположенность этому азотное удобрение оказалось вредным для развития симбионтов и встречаемости микоризы. Оно только для сапрофитов было благоприятным, возбудающих процесс циркуляции. Аналогично влияние удобрения калием и магнием на рост сосны было сильнее чем удобрением азотом.

Summary

The influence of a mineralic fertilization on higher fungi and on the development of mycorhiza in soil formerly exploid agriculturally.

A nutrient deficiency experiment on pines growing on a formerly agricultural soil (DM 1 habitat) was carried out. After 20 years of afforestation 25 mycorhiza-forming and 25 large saprophytic fungus species were identified during a 3-year period of observation. Potassium-magnesium fertilization promoted the development of both ecological *fungus* groups. In contrast, nitrogen fertilization was detrimental to the development of symbionts and to mycorhiza frequency and was only favourable to the saprophyter which stimulate the circulation process. In analogy, the effect of K-Mg fertilization on pine growth was superior to that of N fertilization.

Literatur

BJÖRKMAN, E.: Über die Bedingungen der Mykorrhizabildung bei Kiefer und Fichte. Symb. bot. upsal. 6, (1942), S. 1—190.

KOPP, D.: Ergebnisse der forstlichen Standortserkundung in der DDR. Bd. 1. Die Waldstandorte des Tieflandes. Potsdam: VEB Forstprojektierung, 1969, 141 S.

MEYER, F. H.: Die Buchen- und Fichtenmykorrhiza in verschiedenen Bodentypen, ihre Beeinflussung durch Mineraldünger sowie für die Mykorrhizabildung wichtige Faktoren. Mitt. Bundesforschungsanstalt. Forst- u. Holzwirtsch. 54, (1962), S. 1—73.

MICHAEL, E.; HENNIG, B.; KREISEL, H.: Handbuch für Pilzfreunde. Jena: Gustav Fischer Verlag, Bd. VI, 1975, 291 S.

RITTER, G.; TÖLLE, H.: Stickstoffdüngung in Kiefernbeständen und ihre Wirkung auf Mykorrhizabildung und Fruktifikation der Symbiosepilze. Beiträge für die Forstwirtschaft 12, (1978), S. 162—166.

TRILLMICH, H.-D.; UEBEL, E.; CHRZON, S.: 25 Jahre Forstversuchsstation Hammelspring-Werderhof. Richtig düngen — mehr ernten 4, (1980), S. 1—25.

UEBEL, E.; FIEDLER, H.-J.: Nachweis der Wirkung einer KMg-Düngung auf den Stoffkreislauf von Kiefernbeständen unter besonderer Berücksichtigung des Zellulosetests. Zbl. Bakt. Abt. II 132, (1977), S. 515 bis 540.

UNGER, H.; Der Zellulosetest, eine Methode zur Ermittlung der zellulolytischen Aktivität des Bodens in Feldversuchen. Z. Pflanzenern., Düngung, Bodenkunde **91**, (1960), S. 44—52.

Eingegangen: 2. 10. 1981

Dr. rer. silv. EBERHARD UEBEL
VEB Kombinat KALI,
Gruppe landwirtschaftliche Beratung
5010 Erfurt
PSF 129

Arch. Naturschutz u. Landschaftsforsch., Berlin **22** 1982, 3, S. 177—186

Institut für Forstwissenschaften Eberswalde, Abt. Forstchemie

DIETER HEINSDORF

Zur P-Düngung von Kiefernkulturen auf Kippböden der Niederlausitz

1. Einleitung

In der DDR werden jährlich ca. 1000 ha wiederurbargemachte Bergbaurückgabeflächen an die Forstwirtschaft zur Rekultivierung übergeben. Dabei handelt es sich in der Regel um sorptionsschwache, nährstoffarme Rohbodensubstrate, da die besseren Rohböden ausschließlich für eine landwirtschaftliche Nutzung in Frage kommen. Die Rückgabeflächen werden nach standörtlich definierten Rohbodenformen kartiert (WÜNSCHE, LORENZ u. a. 1972). Dadurch ist es möglich, Maßnahmen der Rekultivierung auf der Grundlage der ausgeschiedenen Bodenformen vorzunehmen. Für eine forstliche Nutzung stehen gewöhnlich nur Bodenformen der Standortsgruppen A, Z und teilweise M zur Verfügung.
In den vergangenen Jahren wurde der überwiegende Anteil der forstlich zu rekultivierenden Flächen, ca. 80%, mit der Baumart Kiefer aufgeforstet. Daher wurden vor allem Untersuchungen über die Zusammenhänge zwischen Kippbodenform und Kiefernwachstum sowie Düngeversuche zu Kiefernkulturen auf verschiedenen Rohbodenformen durchgeführt (SCHWABE, 1970, 1975; HEINSDORF, 1976, 1979; Thum 1976). Es stellte sich heraus, daß neben dem in der Regel auftretenden N-Mangel auf den Kippbodenformen der Standortsgruppen *A*, *Z* und teilweise *M* akuter P-Mangel herrscht. Dagegen sind Kiefernkulturen auf allen Bodenformen stets ausreichend mit K, Ca und Mg versorgt (HEINSDORF, 1976).
Zur Klärung der P-Düngung zur Kiefer auf Kipprohbodenformen wurden Untersuchungen mit folgenden Zielstellungen aufgenommen:
- Wirkung der N- und NP-Düngung auf die P-Ernährung
- Ermittlung des Anteils der P-Düngung an dem Mehrzuwachs
- Ableitung eines bodenkundlichen Grenzwertes für P-bedürftige Rohbodenformen
- Ermittlung wirksamer P-Ausbringungsformen, P-Düngerformen sowie optimaler P-Düngergaben.

2. Wirkung von N- und NP-Düngung auf die P-Ernährung

Alleinige N-Düngungen oder NK-Düngungen führen gewöhnlich bei stickstoffdüngebedürftigen Kiefernjungwüchsen zu einer Herabsetzung der P-Konzentrationen der Nadeln, weil infolge des stark verbesserten Nadelwachstums eine „Verdünnung" der P-Gehalte eintritt. Das gilt sowohl für Kiefernkulturen auf gewachsenen Böden als auch für Kiefern auf Kippsubstraten. Dabei gibt es aber Unterschiede. In Abb. 1 sind die mittleren P-Gehalte der Kiefernnadeln aus den Kontrollparzellen von Nährstoffmangelversuchen auf Waldböden unterschiedlicher Nährkraft und die der Nährstoffmangelversuche auf Kipprohböden über den P-Vorräten ihrer Böden (0—80 cm) aufgetragen. Es zeigt sich ganz allgemein, daß mit zunehmendem P-Vorrat die Kiefern zusehends besser mit P ernährt sind. Die eingezeichnete obere Ausgleichsgerade gibt diesen Zusammenhang mit einem Bestimmtheitsmaß von $B = 0{,}67$ signifikant wieder. Gleichzeitig wird deutlich, daß die Kippböden

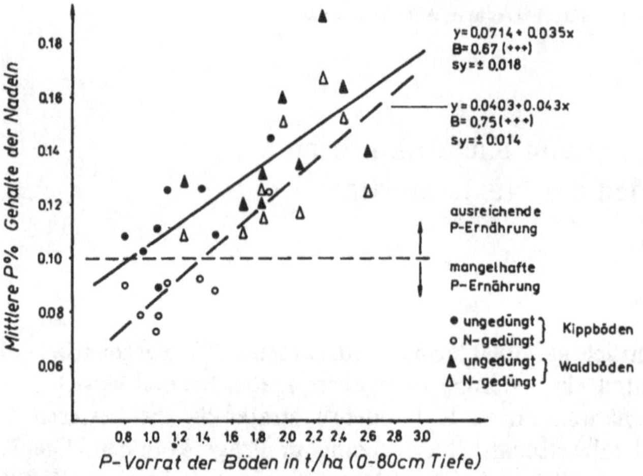

Abb. 1: Beziehungen zwischen den P-Vorräten der Böden und den P-Spiegelwerten der darauf stockenden Kiefernkulturen bei
a) ungedüngten Kiefern — obere Gerade
b) stickstoffgedüngten Kiefern — untere Gerade

wesentlich geringere P-Vorräte aufweisen als die natürlichen Waldböden. Aus dem Vergleich des Verlaufes der oberen Ausgleichsgeraden mit der unteren Ausgleichsgeraden, die die P-Gehalte der Kiefernnadeln auf den nur mit N gedüngten Parzellen charakterisiert, geht hervor, daß im Mittel der Abfall der P-Gehalte infolge N-Düngung auf den Rohböden größer ist als bei den Kiefern auf den „gewachsenen" Böden. In fast allen Fällen wird dabei der experimentell ermittelte Grenzwert von 0,10% P (vgl. HEINSDORF, 1976) unterschritten. Die N-Düngung erzeugt somit auf den meisten Rohbodenformen einen verstärkten P-Mangel. Es kommt zu einer Anhäufung von löslichen N-Verbindungen in den Assimilationsorganen, da infolge P-Mangel die Eiweißsynthese gestört wird. Dies führt zu einer unzureichenden Verwertung des Düngestickstoffs und zu Minderleistungen.

Die Entwicklung der P-Ernährungsverhältnisse nach NP- bzw. N-Düngung während eines 6jährigen Untersuchungszeitraumes ist an 6 Nährstoffmangelversuchen auf Kippböden in Abb. 2 dargestellt. Aus dem mittleren Trend der Differenzen der P-Konzentrationen zwischen a) NP-gedüngten bzw. b) N-gedüngten Kiefern mit denen der ungedüngten ist zu entnehmen, daß bei N-Düngung die P-Spiegelwerte der Nadeln erheblich unter die der ungedüngten Kiefern absinken, ähnlich wie wir es schon in Abb. 1 demonstriert haben. Im Mittel beträgt dieser Abfall 0,02—0,03% P. Dadurch wird eine beträchtliche Verschärfung des P-Mangels hervorgerufen. Nach Einstellung der dreimaligen N-Düngung von jeweils 100 kg N/ha, nähern sich die P-Gehalte wieder den Spiegelwerten der ungedüngten Kiefern (untere Kurve).

Die Düngung von dreimal jährlich 100 kg P_2O_5/ha in Form von Superphosphat verhindert nicht nur diesen Rückgang, sondern führt zu beträchtlichen P-Mehraufnahmen, die ihr Maximum offensichtlich in den 3 Nachfolgejahren haben (obere Kurve der Abb. 2). Im Mittel beträgt die Mehraufnahme in diesen Jahren etwa 0,05—0,06% P, bei einzelnen Flächen sogar 0,07% P. Das bedeutet, daß die P-Gehalte der Kiefernnadeln in einem Bereich zwischen 0,16 bis 0,19% P gelangen. Derartig günstige P-Ernährungsverhältnisse besitzen gewöhnlich junge Kiefernbestände auf sehr fruchtbaren Waldböden mit günstigen Humus-

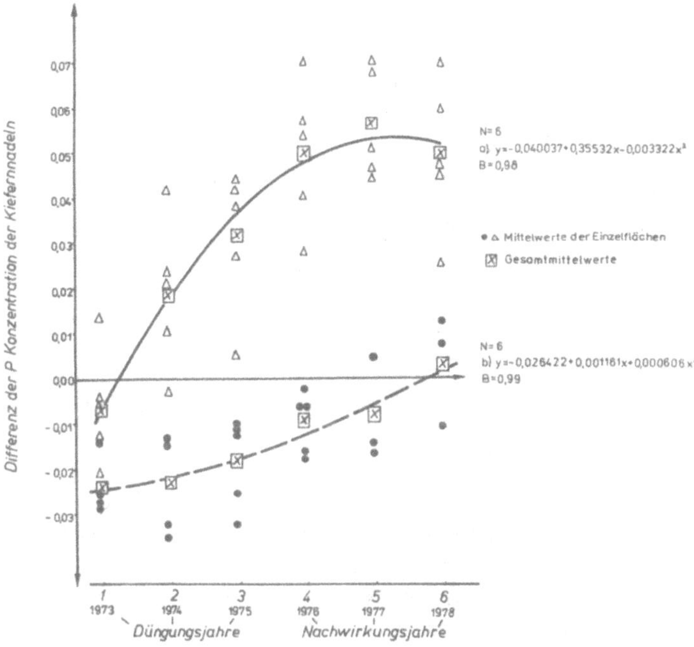

Abb. 2: Mittlerer Trend der Differenzen der P-Konzentrationen zwischen a) NP-gedüngten Kiefern und ungedüngten Kiefern
b) N-gedüngten Kiefern und ungedüngten Kiefern
in den Wirkungsjahren 1973—1978

verhältnissen (K 2-Standorte mit moderartigen Humusformen, vgl. HEINSDORF, 1970). Die P-Düngungen haben demnach grundlegende Verbesserungen der P-Ernährungsverhältnisse der Kiefern auf armen Rohbodensubstraten bewirkt. Der Verlauf der Mehraufnahmen in den Nachwirkungsjahren deutet darauf hin, daß weitere P-Düngungen — wenn überhaupt — in den nächsten Jahren nicht notwendig sein werden. Diese Aussage ist inzwischen durch weitere Nachhaltigkeitsuntersuchungen bekräftigt worden.

3. Anteil der P-Düngewirkung am Mehrzuwachs nach NP-Düngung

Alleinige P-Düngungen auf P-armen Rohbodensubstraten stimulieren das Kiefernwachstum nicht, da in der Regel immer hoher N-Mangel vorliegt. Erst bei kombinierter NP-Düngung wird auch P ertragswirksam. Umgekehrt können alleinige N-Düngungen je nach Schärfe des P-Mangels gewisse Mehrzuwüchse hervorrufen, weil auf den meisten Rohböden N erstrangiger Minimumfaktor ist. Optimale Zuwachsreaktionen treten aber auf armen Rohbodensubstraten erst bei NP-Düngungen auf. Um einen Eindruck über Höhe und Nachhaltigkeit der P-Düngewirkungen zu erhalten, sind in Abb. 3 die mittleren jährlichen Düngewirkungen von 3 Düngeversuchen auf NP-armen Substraten über den zur Verfügung stehenden Beobachtungszeitraum von 6 Jahren eingezeichnet worden. Da es sich in unseren Beispielen um Nährstoffmangelversuche handelt, können auch die partiellen N- und P-Düngewirkungen auf Höhenzuwachs- und Schaftvolumenzuwachs dargestellt werden. Aus der Abb. 3 wird deutlich, daß bereits im 2. Düngejahr im Durchschnitt der 3 Versuchsflächen ein Mehrzuwachs von ca. 22 cm bei NP-Düngung vorliegt. Der Höhenzuwachs hat sich,

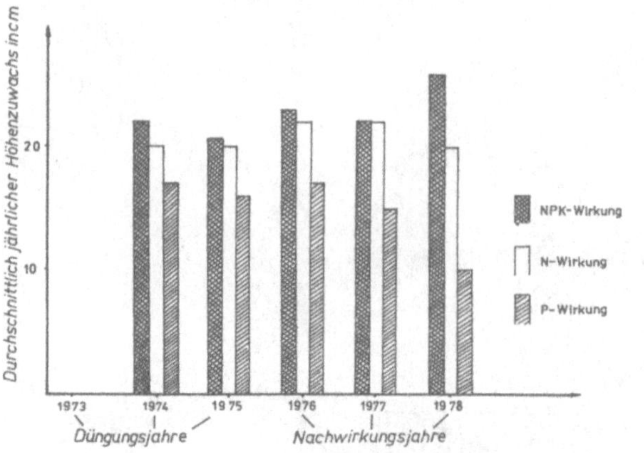

Abb. 3: Durchschnittlicher jährlicher Mehrzuwachs an Mittelhöhe mit Darstellung der partiellen N- und P-Wirkungen

bezogen auf „ungedüngt", mehr als verdoppelt. Der Mehrzuwachs bleibt in den nachfolgenden Jahren etwa in dieser Größenordnung, auch nach Einstellung der Düngungen. Die N-Wirkung läuft bei ausreichender P-Ernährung (Differenz NPK zu PK) etwa mit der NPK-Wirkung parallel. Die P-Wirkung ist in den Jahren 1974—1977 etwa zu 2/3 bis 3/4 an der NPK-Wirkung beteiligt. 1978 fällt sie merklich ab, weil in diesem Jahr infolge günstiger klimatischer Gegebenheiten (hohe Durchfeuchtung der Böden) die Kiefern besser mit bodenbürtigem P versorgt werden. Ähnlich sind auch die Wirkungen beim „Schaftvolumenwachstum" zu interpretieren. Die hohen Anteile der N- bzw. P-Wirkungen an der Gesamtdüngewirkung machen deutlich: Nur durch kombinierte NP-Düngungen sind auf den Rohbodenformen der *A*- und *Z*-Standortgruppen nachhaltig optimale Wachstumsleistungen zu erreichen.

4. Ableitung eines bodenkundlichen Grenzwertes für P-bedürftige Rohbodenformen

Auf den Kippbodenformen der Standortsgruppen *A* und *Z* traten N- und P-Mangel auf, der auch auf bestimmten Bodenformen der Standortsgruppe *M* vorkommt. Andererseits gibt es auch Bodenformen, die einen ausreichenden P-Vorrat aufweisen und daher teure P-Düngungen für Kiefer unnötig sind. Es wurde daher versucht, einen bodenkundlichen Grenzwert abzuleiten, der es gestattet, das P-Düngebedürfnis der Rohbodenformen in Bezug auf die Kiefer zu beurteilen.

Als eine besonders aussagefähige Größe zur Beurteilung der P-Düngebedürftigkeit erschien uns der Gesamt-P-Vorrat (ermittelt im HF-Aufschluß nach BEHM, 1964) bezogen auf den Feinerdegehalt der durchwurzelten Bodenschichten (0—80 cm), da diese Größe ökologisch bedeutsamer ist als z. B. die Angaben „Nährstoff in Prozent zum Boden" oder die in schwachen Säuren löslichen P-Anteile. Letztere sind für die Bewertung forstlich zu nutzender Kippsande ungeeignet, da sie zu wenig differenzieren und so die zweifellos vorhandenen unterschiedlichen Ertragspotentiale sandiger Rohbodenformen nicht genügend zu charakterisieren vermögen.

Für die Untersuchung der Beziehungen zwischen P-Nährstoffvorrat und Kiefernwachstum nach P-Düngung standen uns 12 NPK-Nährstoffmangelversuche zur Verfügung, wobei

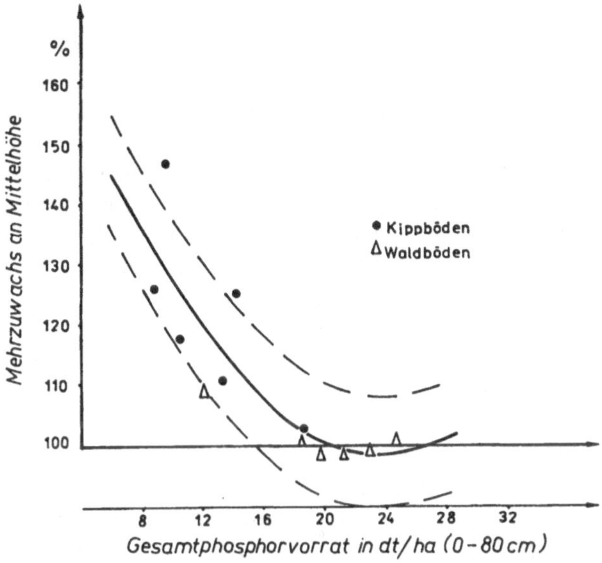

Abb. 4: Beziehungen zwischen dem Mehrzuwachs an Mittelhöhe bei NPK-Düngung, bezogen auf NK-Düngung, und dem Gesamtphosphorvorrat der Böden

6 Versuche auf Kipprohbodenformen und 6 Versuche auf Waldböden liegen. Wie Abb. 4 zeigt, bestehen gesicherte Zusammenhänge zwischen den Gesamtphosphorvorräten und den Mehrzuwüchsen an Mittelhöhe bei NPK-Düngung, bezogen auf NK-Düngung. P-Düngewirkungen in Kiefernkulturen treten demnach mit hoher Wahrscheinlichkeit dann auf, wenn in der Bodenschicht 0—80 cm weniger als 1800—2000 kg Gesamt-P/ha (= 15—17 mg P/100 g B) enthalten sind. Möglicherweise wird sich dieser Grenzwert bei schwereren Böden etwas nach rechts verschieben. Daraus ist abzuleiten: Bodenformen mit geringeren P-Vorräten müssen bei vorgesehenen N-Düngungen stets mit P gedüngt werden. Nur dann werden mineralische Düngungen voll wirksam. Es wird die Forderung erhoben, die Rohböden schärfer nach ihren P-Gehalten abzugrenzen, um einen rationellen P-Düngemitteleinsatz zu gewährleisten.

5. Ermittlung wirksamer P-Ausbringungsformen, P-Düngerformen sowie optimaler P-Düngergaben

Im Rahmen der Wiederurbarmachungsleistungen werden vom Bergbau zur Zeit auf meliorationsbedürftigen Rohbodenformen P-Grunddüngungen zusammen mit den durch die geologischen Gutachten vorgeschriebenen mehr oder weniger hohen Kalkmengen ausgebracht. Besonders auf den kohlehaltigen, stark sauren Rohbodensubstraten sind hohe Kalkgaben (75—1000 dt, in extremen Fällen bis 3000 dt CaO/ha) zur Neutralisierung der Schwefelmengen erforderlich. Die gemeinsame Ausbringung von Kalk und Phosphat, wie es bei den Meliorationsverfahren gehandhabt wird, ist wenig sinnvoll, da durch den direkten Kontakt Phosphor-Kalk das leicht lösliche Düngephosphat in schwer aufnehmbare Ca-Phosphate überführt wird. Kiefernkulturen leiden bei später einsetzenden N-Düngungen auf derartig grundmeliorierten Rohbodenformen dann trotzdem unter akutem P-Mangel.

Ein überzeugendes Beispiel hierfür liefert ein von uns auf Heider-Kippkohlesand angelegter Düngungsversuch. Zur Normalisierung der Bodenreaktion (pH = 2,8) wurden vor der Kulturbegründung entsprechend dem geologischen Gutachten 180 dt Bunakalk zusammen mit 4 dt Phosphorsäuredünger in den Boden ca. 30 bis 40 cm tief eingepflügt. Durch die damit verbundene Erhöhung des pH-Wertes auf über 6,5 erfolgte eine Festlegung des ursprünglich leicht löslichen Düngephosphates, so daß die Kiefern zur Zeit unter akutem P-Mangel leiden (P% der Nadeln zwischen 0,07—0,08!). Übereinstimmend hierzu ist aus Gefäßversuchen bekannt, daß bei Aufkalkungen auf pH-Werte um 7 Kiefernsämlinge trotz P-Düngungen unter schwerem P-Mangel leiden (KRAUSS, 1958). Eine räumliche Trennung des Phosphors vom Kalk ist im Rahmen der Grundmeliorationen nur schwer durchführbar. Anders ist eine P-Depot-Düngung zu beurteilen, wenn keine zusätzlichen Kalkungen notwendig sind, z. B. auf nur mäßig sauren Kippbodenformen. In diesen Fällen können P-Dünger durch die Kiefern bei einsetzender N-Düngung auch noch nach Jahren in größeren Mengen aufgenommen werden, so daß keine Mangelsituation ausgelöst wird.

Um Fragen der P-Ausbringung, der P-Düngerformen und optimaler P-Düngergaben auf Kohlesanden zu klären, wurde 1975 auf mit Kalk melioriertem Heider-Kippkohlesand in einer 7jährigen, infolge starken N- und P-Mangels nur Krüppelwachstum zeigenden Kiefernkultur ein Feldversuch mit entsprechenden Versuchsvarianten angelegt.

Zunächst zur Prüfung von P-Ausbringung und P-Düngerform. Hierzu wurden folgende Versuchsvarianten geprüft:

1. Ausbringung des Phosphors als Kopfdünger in einmaliger Gabe von 200 kg P_2O_5/ha;
2. Placierte Einbringung des Phosphors in den Boden
   a) in kleine Bohrlöcher, die jeweils in 20 cm Abstand beidseitig von den Kiefernpflanzen angebracht wurden. Die so entstandenen Düngersäulchen hatten die Abmessungen 0—20 cm Tiefe und ca. 1,5 cm Durchmesser;
   b) bandförmiges Einbringen des Phosphors in mit Spaten hergestellte etwa 4—5 cm breite und 8—10 cm tiefe in Reihenrichtung angelegte Gräben, wobei nach dem Einstreuen des Düngers die Gräben mit dem Aushub wieder geschlossen wurden.

Die Gesamtmenge der in die Bohrlöcher bzw. in die Gräben gefüllten P-Dünger betrug ca. 200 kg P_2O_5/ha. Alle Ausbringungsvarianten wurden sowohl mit Superphosphat als auch mit Thomasphosphat angelegt. Sie erhielten eine N-Grunddüngung in Höhe von 100 kg N/ha breitwürfig als Kopfdünger verabreicht. Die N-Düngung wurde in den beiden folgenden Jahren wiederholt.

Die beidseitig je Kiefernpflanze eingebrachten Superphosphatsäulchen führen schon im Düngejahr zu einem Anstieg der P-Gehalte der Kiefernnadeln von 0,08% auf knapp 0,10% P. Diese Größenordnung bleibt in den beiden Folgejahren, in denen nur mit N nachgedüngt wurde, etwa konstant (Abb. 5). Besser wirkt die bandförmige Einbringung des Superphosphates, möglicherweise weil mehr Feinwurzeln mit den Bändern in Kontaktaustausch treten können. Am meisten wird die P-Aufnahme jedoch durch die breitwürfige Kopfdüngung gefördert. Die P-Konzentrationen der Nadeln erhöhen sich bei dieser „Obenauf-Düngung" im 2. und 3. Jahr nach der Phosphatausbringung auf mittlere Werte um 0,13%. Sie zeigt sich somit den beiden „placierten" P-Einbringungen hoch überlegen!

Band- und säulchenförmiges Einbringen von Thomasphosphat bleibt in der Wirkung erheblich hinter dem Superphosphat zurück. Praktisch wird der sehr mangelhafte P-Ernährungszustand der Kiefern kaum verbessert. Die bessere Wirkung des Superphosphates kommt auch bei der breitflächigen Kopfdüngung von 200 kg P_2O_5/ha klar zum Ausdruck (vgl. Abb. 6). Ähnliche Wirkungen können wir inzwischen bei Laubholzkulturen auf Kipp-

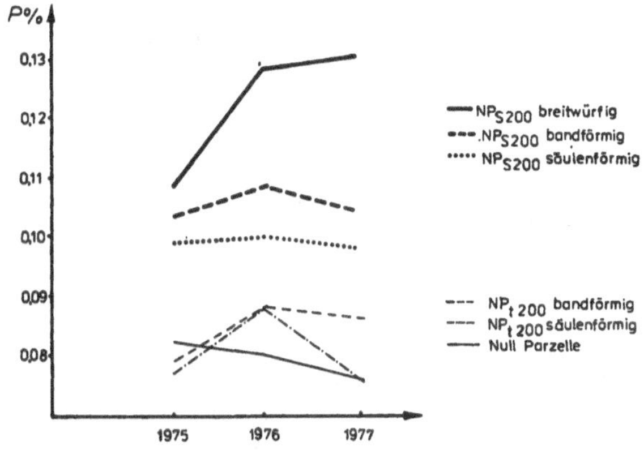

Abb. 5: Einfluß der Ausbringungsform von Phosphatdüngemitteln (Superphosphat = P_s; Thomasphosphat = P_t) auf die P-Gehalte der Kiefernnadeln. P-Düngung: Frühjahr 1975, N-Düngung 1975, 1976, 1977

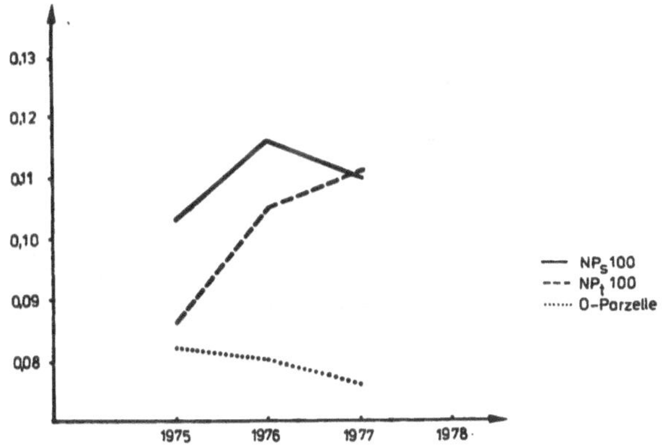

Abb. 6: Vergleich der Wirkungen von Superphosphat- und Thomasphosphat-Düngung auf die P-Gehalte der Kiefernnadeln bei breitwürfiger Ausbringung von 100 kg P_2O_5/ha.

kohlesanden nachweisen. Auch hier wird nach Superphosphatausbringung eine rasche Verbesserung der P-Ernährung ermittelt, während nach Thomasphosphat-Düngungen nur sehr geringe P-Mehraufnahmen durch die Pflanzen registriert werden.

Die größere Wirksamkeit des Superphosphates ist in den Ertragsanalysen nachzuweisen (vgl. Tab. 1).

Unterschiedlich hohe Superphosphatgaben, breitflächig als Kopfdünger bei gleichbleibender N-Grunddüngung ausgebracht, gestatten die Herleitung optimaler P-Gaben. Wie Abb. 7 ausweist, lassen sich die Mehrzuwüchse der Kiefer über den P-Düngergaben durch eine „Mitscherlich-Kurve“ mit hohem Bestimmtheitsmaß ausgleichen. Bereits mit 200 kg P_2O_5/ha werden ca. 92% des Höchstertrages erreicht. Eine weitere Steigerung der P-Düngermenge ist — wie der Verlauf der Ertragskurve ausweist — nicht mehr effektiv; andererseits werden bei 100 kg P_2O_5/ha erst ca. 73% des Höchstertrages erzielt. In Anbe-

Tabelle 1
Wachstum der Kiefer bei verschiedenen P-Ausbringungs- und P-Düngerformen (Wirkungsdauer 3 Jahre)

Versuchsglieder	Mittelhöhe		Mittleres Schaftvolumen	
	(cm)	%	(cm^3)	%
O	1,71	100	119	100
N	1,83	107	160	134
NP_{s200}	2,17	127	287	241
$NP_{s200}S$	2,04	119	242	203
$NP_{s200}B$	2,14	125	280	235
NP_{t200}	1,97	115	222	187
$NP_{t200}S$	1,73	101	136	114
$NP_{t200}B$	1,92	112	191	161
$GD_{5\%}$	0,14		42	

P_s = Superphosphat S = Düngersäulchen
P_t = Thomasphosphat B = Düngerbänder

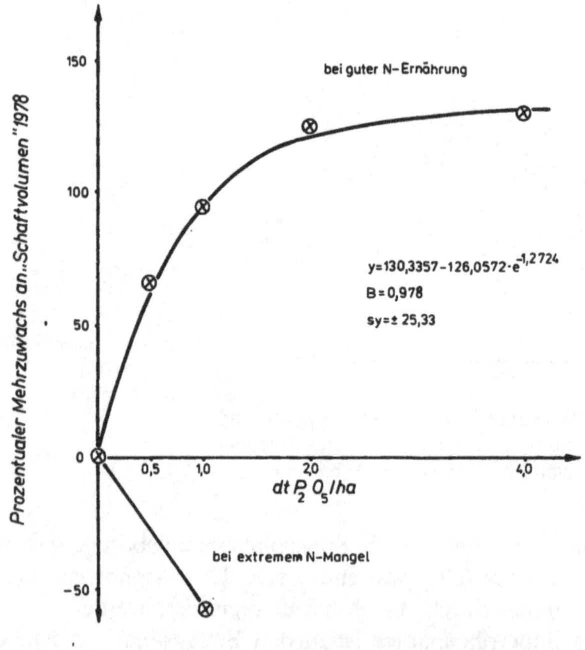

Abb. 7: Beziehung zwischen P-Düngergaben und Mehrzuwachs an Schaftvolumen der Kiefern 1978 bei N-Grunddüngung (obere Kurve) und ohne N-Grunddüngung (untere Gerade)

tracht einer möglichst nachhaltigen Düngewirkung sollten daher ca. 200 kg P_2O_5/ha (=88 kg P) auf P-düngebedürftigen Rohbodenformen zu Kiefernkulturen ausgebracht werden. Das gilt für kohlehaltige Rohböden. Für kohlefreie P-arme Sande genügen — wie hier nicht näher dargestellte Testversuche belegen — ca. 100 — 150 kg P_2O_5/ha. Inwieweit einmal P-Nachdüngungen bei wiederholten N-Düngungen auf P-armen Rohbodensubstraten erforderlich sein werden, ist zur Zeit noch unklar. Vieles deutet auf eine langanhaltende Wirkung der einmaligen P-Düngung hin.

Zusammenfassung

Untersuchungen über P-Ernährung und P-Düngewirkung in Kiefernkulturen auf Kippböden des Niederlausitzer Braunkohlengebietes führen zu folgenden Ergebnissen:

— Auf den Kippbodenformen der Standortgruppen *A*, *Z* und teilweise *M* tritt neben N- auch P-Mangel auf. Einseitige N-Düngungen verursachen eine Herabsetzung der P-Gehalte der Kiefernnadeln und führen damit zu einer Verschärfung der P-Mangelsituation.

— P-Mangel tritt auf Rohböden mit Gesamtphosphorvorräten unter 1800—2000 kg/ha (0—80 cm Bodentiefe) auf.

— P-Düngungen, die im Rahmen der Grundmeliorationen zusammen mit den zu verabreichenden Kalkmengen in den Boden eingepflügt werden, sind wenig wirksam. Besser ist es, den P-Dünger später zusammen mit dem Stickstoff als Kopfdünger in 3- bis 5jährigen Kiefernkulturen zu verabreichen.

— Als günstige P-Gaben auf Kippkohlesanden erweisen sich Mengen um 200 kg P_2O_5/ha. Dabei wirkt Superphosphat wesentlich besser als Thomasphosphat.

Резюме

О внесении фосфорного удобрения в сосновые культуры на отвальных грунтах в Нижней Лужище

Исследования на фосфорном питании и влиянии удобрения с фосфором в сосновых культурах на отвальных грунтах нижнлужищской области буроугольной промышленности ведут к следующим результатам:

— На формах отвального грунта групп места произрастания A, Z и частично M имеется нехватка в N и P. Одностороннее удобрение азотом снижает содержание P в иглах сосны и так усиливает нехватки в P.

— Нехватка в P обнаружена на отвальных грунтах общих запасов фосфора менее 1800—2000 кг/га (8—80 см Глубины почвы).

— Удобрение с фосфором, в рамках коренной мелиорации вместе с известковым удобрением запашенное в почву, мало действуют. Лучше более позднее внесение фосфорного удобрения вместе с азотом как подкормку в 3—5летные сосновые культуры.

— Благоприятным досисами фосфора на отвальных угольных песках оказались количества 200 кг P_2O_5/га. При этом суперфосфат существенно лучше действует как томасовский фосфат.

Summary

On the P-fertilizing of pine cultivations on dumping soils of the Niederlausitz

The investigations of the P-nutrition and the P-fertilizing effect on dumping soils of the Niederlausitz lignite district show the following results:

— On the tip soils of the location group *A*, *Z* and partially *M* a N-deficiency as well as a P-deficiency occured.

When only N-fertilizers are given a decrease in the P-contents of the pine needles is caused and leads to an exacerbation of the P-deficiency situation.

— P-deficiency occurs on raw soils with total resources of phosphate under 1800—2000 kg je ha (0—80 cm depth of soil).
— P-fertilizers ploughed in with the necessary amount of chalk within the bounds of basic amelioration are not very effective. It is better to give the 3- to 5-year old pines the P-fertilizer later together with the nitrogen as top dressing.
— Useful P-doses on tip coal sands are amounts of 200 kg P_2O_5/ha. In this way superphosphate is more effective than thomasphosphate.

Literatur

BEHM, R.: Zur Bestimmung des Gesamtgehaltes an K, Ca, P und Mg in Waldböden. Arch. Forstwes. 13 (1964), 963—976

HEINSDORF, D.: Über die Wirkung und Nachhaltigkeit 3maliger Düngungen von Kiefernkulturen auf den wichtigsten anhydromorphen Tieflandstandorten. F/E-Bericht im IFE 1970, 208 S., unveröff.

HEINSDORF, D.: Untersuchungen über die Wirkung mineralischer Düngung auf das Wachstum und den Ernährungszustand von Kiefernkulturen auf verbreitete Kippbodenformen der Niederlausitz. Beitr. f. d. Forstwirtsch. Berlin 10 (1976) 4, S. 185—198

HEINSDORF, D.: Zur Düngebedürftigkeit von Forstkulturen auf Kippböden der Niederlausitz. Arch. Acker- u. Pflanzenbau u. Bodenkde. Berlin 23 (1979) 8, 499—509

KRAUSS, H. H.: Gefäßversuche zu Kiefer, Fichte, Douglasie 1958, unveröff.

SCHWABE, H.: Ergebnisse der forstlichen Rekultivierung auf vorwiegend kulturfreundlichem Abraummaterial des Braunkohlenbergbaus der Niederlausitz. Dargestellt an älteren Kippenbestockungen. Diss. TU Dresden 1970

SCHWABE, H.: Vorschläge zur Intensivierung des forstlichen Rekultivierungsprozesses. F/E-Bericht des Inst. f. Landschaftsforschg. u. Naturschutz Halle/S., 1975, 56 S., unveröff.

THUM, J.: Zur Stickstoffdüngung von Pappel und Kiefer auf Kippenstandorten. Beitr. f. d. Forstwirtsch. Berlin 10 (1976) 4, 217—218

WÜNSCHE, M.; LORENZ, W.-D. u. a.: Die Bodenformen der Kippen und Halden im Niederlausitzer Braunkohlenrevier.
Mitt. Nr. 15/72 aus dem VEG GFE Halle/BT Freiberg 1972, 45 S.

Eingegangen: 1. 8. 1981

Dr. D. Heinsdorf
Institut für Forstwissenschaften Eberswalde
13 Eberswalde-Finow 1
Alfred-Möller-Straße
DDR

Arch. Naturschutz u. Landschaftsforsch., Berlin **22** 1982, 3, S. 187—199

Martin-Luther-Universität Halle
Sektion Biowissenschaften
WB Geobotanik und Botanischer Garten

FRIEDRICH EBEL und STEPHAN RAUSCHERT
unter Mitarbeit von
FRITZ KÜMMEL und HERMANN SCHMIDT

Die Bedeutung der Botanischen Gärten für die Erhaltung gefährdeter und vom Aussterben bedrohter heimischer Pflanzenarten[1]

1. Einleitung

Die Informationen über den weltweiten Rückgang der Arten sind bestürzend und alarmierend zugleich. So gelten beispielsweise bereits 4,7 % der für das Gebiet der DDR bekannten Arten als ausgestorben bzw. verschollen, 5,8 % als vom Aussterben bedroht, 8,2 % als stark gefährdet, 14,1 % als gefährdet und 4,7 % als potentiell bedroht (RAUSCHERT et. al. 1979). Dieser Sachverhalt dürfte in allen Industriestaaten ähnlich sein.

Um einer weiteren Florenverarmung entgegenzuwirken, ist es dringend geboten, einerseits den Schutz der gefährdeten Pflanzen am natürlichen Standort zu verstärken, beispielsweise durch einen intensiveren Biotopschutz und durch die Ausscheidung neuer Schutzgebiete auf der Grundlage der Roten Listen und der biogeographischen Kartierung (z. B. BÜSCHENDORF, EBEL, TAUCHERT 1981), andererseits nach neuen Mitteln und Wegen der Erhaltung der Arten zu suchen.

Aufgrund ihrer technischen Einrichtungen und ihrer wissenschaftlichen und gärtnerisch-praktischen Erfahrungen sind gerade die Botanischen Gärten zur Erkundung neuer Methoden des Artenschutzes sowie ihrer Anwendung in der Praxis gut geeignet. Die in den letzten Jahren propagierte Erhaltung der Arten in den Schutzsammlungen Botanischer Gärten stellt eine solche neue Methode dar. Sie unterliegt aber gewissen begrenzenden Faktoren. So besteht beispielsweise, insbesondere bei Freilandpflanzen, die Gefahr einer unkontrollierten Bestäubung und somit der Bastardierung mit nahe verwandten, dicht beieinanderstehenden Sippen. Zum anderen schließt die Kleinflächigkeit vieler Botanischer Gärten die Möglichkeit der Erhaltung zahlreicher Individuen jeweils einer Art aus. Trotz alledem wird der Fortbestand vieler Pflanzenarten in Zukunft nur mit Hilfe von Erhaltungskulturen in Botanischen Gärten gesichert werden können (SUKOPP, TRAUTMANN, KORNECK 1978, SCHMIDT 1978, EBEL 1979). Keine der verschiedenen Möglichkeiten des Artenschutzes vermag allein die Vielfalt der Flora zu retten. Nur ihrer aller Synthese bietet hierfür eine Voraussetzung. Die Aktivitäten der Botanischen Gärten (Schutzsammlung, Genbank, Umpflanzaktion, Schutzfläche und Schutzgarten) sollten vor allem dort wirksam werden, wo die altbewährten Methoden des Naturschutzes nicht mehr ausreichen oder völlig versagen.

Von EBEL (1979) wird die Einrichtung von Erhaltungs-Schutzflächen und -Schutzgärten in der freien Landschaft vorgeschlagen, „in denen vom Aussterben bedrohte Arten unter nahezu natürlichen Bedingungen erhalten werden sollen. Die jeweils für eine oder wenige

[1] Mitteilungen aus dem Botanischen Garten der Martin-Luther-Universität Halle, Nr. 60.

Arten zu begründenden Schutzflächen bzw. Schutzgärten bieten gegenüber den Botanischen Gärten einerseits Möglichkeiten für ein naturnahes Wachstum", andererseits ermöglichen sie die Erhaltung einer größeren Individuenzahl einer Sippe. Außerdem besitzt die Erhaltung der Pflanzenarten am naturnahen Standort in der Nähe ihrer natürlichen Vorkommen in gewissen Fällen den Vorzug, daß damit gleichzeitig der Fortbestand bestimmter Tiersippen gesichert wird, deren Existenz an diese Pflanzentaxa gebunden ist.[2]
In den letzten 2—3 Jahren wurden von uns Versuche unternommen, solche Einbürgerungs-Schutzflächen und -Schutzgärten für einige vom Aussterben bedrohte bzw. stark gefährdete Arten im herzynischen Raum einzurichten, worüber im folgenden berichtet wird.

2. Einrichtung von Erhaltungs-Schutzgärten und -flächen

2.1. Methodik

Die Arbeiten wurden von einer aus zwei Gartenbauingenieuren und zwei Botanikern bestehenden Arbeitsgruppe ausgeführt. Bei der Auswahl der zu schützenden Arten bevorzugten wir zunächst solche, die im Gebiet der DDR nur noch an wenigen, (außer bei *Angelica palustris*) individuenarmen natürlichen Standorten vorkommen. Das für die Vermehrung dieser Arten im Botanischen Garten benötigte Saat- und Pflanzgut (Teilpflanzen- und Stecklingsmaterial) wurde stets am natürlichen Standort innerhalb der südlichen DDR, und zwar in vertretbarer Menge, gesammelt. Zur Erhaltung der Merkmalsbreite einer Population wurden das Saatgut bzw. die Stecklinge von möglichst zahlreichen Individuen entnommen (PERRING 1975). Um eine unkontrollierte Bestäubung im Botanischen Garten auszuschließen, wurden die bedrohten Arten bereits vor ihrem ersten Blühen als Jungpflanzen wieder ausgebracht. Jungpflanzen haben bei Ansiedlungsversuchen auch bessere Startbedingungen als ältere oder sogar vergreiste Exemplare. Daher dürfte auch die von uns vorgeschlagene Methode erfolgversprechender sein als ein Umsetzen von älteren Pflanzen in der freien Landschaft. Die Setzlinge wurden zur Sicherung des Einbürgerungserfolges an zwei oder drei Örtlichkeiten angesiedelt, und zwar stets in der näheren oder weiteren Umgebung des Fundortes der Mutterpflanzen. Mit der Vermehrung der bedrohten Pflanzen im Botanischen Garten und ihrem Wiederauspflanzen an Standorten, die den natürlichen vergleichbar sind, erschöpft sich jedoch die Arbeit der Botanischen Gärten nicht. Darüber hinaus sind Pflege und Dokumentation zu gewährleisten. Ohne Pflege — zumindest in den ersten Lebensjahren — sind die Jungpflanzen in vielen Fällen zum Absterben verurteilt; ohne Dokumentation müssen wir uns den Vorwurf einer Florenverfälschung gefallen lassen und gewinnen keinerlei Erfahrungen für weitere Schutzaktionen.

[2] Die eurosibirisch-kontinentale Sumpf-Engelwurz (*Angelica palustris* (BESSER) HOFFM.), deren geschlossenes Verbreitungsgebiet ostwärts bis zum Altai reicht, hat in Mitteleuropa nur noch zerstreute Vorkommen und findet in der DDR ihre absolute Westgrenze (vgl. Gesamtverbreitungskarte bei MEUSEL et. al. 1978, Kartenband S. 317d). In der DDR ist die Art sehr disjunkt verbreitet (vgl. Teilkarte für den herzynischen Raum bei RAUSCHERT 1972c, S. 61) und infolge Trockenlegung der Feuchtwiesen und Intensivierung der Grünlandwirtschaft auch in der Fuhne- und Gramme-Niederung, wo sie noch vor 12 Jahren zu Hunderttausenden vorkam (RAUSCHERT 1970, 1972a, b), nunmehr im Rückgang (Näheres zur Verbreitung in der südlichen DDR vgl. auch RAUSCHERT 1972a, S. 60; 1972b, S. 64; Punktkarte 1972c, S. 60).
Da die Sumpf-Engelwurz im Bezirk Halle heute außer im Fuhnetal (um Zehbitz, Radegast, Zörbig) nur noch bei Zwintschöna (Saalkreis) vorzukommen scheint (RAUSCHERT 1979b, S. 62), bemühen wir uns darum, aus einheimischem Saatgut (Zwintschöna) gezogene Jungpflanzen an geeigneten Örtlichkeiten im Saalkreis einzubürgern. An diesen naturnahen Standorten kann möglicherweise auch die Diptere *Phytomyza angelicivora* HERING erhalten werden, deren Larven auf *Angelica palustris* als Futterpflanze spezialisiert sind (HERING 1957, S. 90). Ein Aussterben der Sumpf-Engelwurz würde notwendig auch das Ende dieser Tierart bedeuten. Auf das Vorkommen von *Ph. angelicivora* auf *Angelica palustris* bei Zwintschöna machte uns der Entdecker H. ZOERNER, Dessau, aufmerksam.

Die Pflege und Dokumentation wird unter Anleitung von Mitarbeitern der Naturschutzorgane und des Botanischen Gartens Halle meist von einem oder mehreren Naturschutzhelfern nach Pflegeplänen und Dokumentationsrichtlinien durchgeführt. Eine der wichtigsten Pflegemaßnahmen besteht darin, die angesiedelten Pflanzen — besonders in ihren frühen Entwicklungsstadien — konkurrenzfrei bzw. -arm zu halten, wird doch dadurch die Chance für ihr gutes Gedeihen größer. Die Dokumentationsunterlagen sind beim Betreuer, im Botanischen Garten Halle sowie in der Zentrale der Arbeitsgemeinschaft Hercynischer Floristen in Halle hinterlegt. Im Falle einer Unterschutzstellung der Ausbringungsflächen werden die Daten auch dem Institut für Landschaftspflege und Naturschutz und den zuständigen Kreisnaturschutzverwaltungen zur Verfügung gestellt.

Die Dokumentation sollte folgende Daten erfassen:

I. Name der Art.
II. Gefährdungsgrad (regional, DDR, Europa, Welt).
III. Ursachen des Rückgangs.
IV. Daten über die Herkunft des Saatgutes, der Stecklinge oder Teilpflanzen.
  1. Geographische Lage (Staat, Bezirk, genaue Lokalität).
  2. Ökologische Daten am Sammelort.
  3. Soziologische Charakterisierung des Sammelortes.
  4. Individuenzahl am Sammelort.
  5. Sammeldatum des Saatgutes, der Stecklinge oder Teilpflanzen.
  6. Zahl der Mutterpflanzen, von denen Saatgut, Stecklinge oder Teilpflanzen entnommen wurden.
  7. Name des Sammlers.
V. Daten über die Vermehrung und Kultur im Botanischen Garten.
  1. Name des Botanischen Gartens.
  2. Aussaattermin.
  3. Aussaaterden.
  4. Temperatur.
  5. Termin der Stecklingsvermehrung.
  6. Sonstige Bemerkungen zu den Kulturmethoden.
  7. Name des Kultivateurs.
VI. Daten über die Ausbringungsfläche.
  1. Geographische Lage (Staat, Bezirk, genaue Lokalität).
  2. Ökologische Charakterisierung.
  3. Soziologische Charakterisierung.
  4. Ausbringungsdatum.
  5. Zahl der ausgepflanzten Individuen.[3]
  6. Name(n) der auspflanzenden Person(en).
  7. Name und Adresse des Betreuers.
  8. Art und Zeitpunkte der durchgeführten Pflegemaßnahmen (z. B. Gießen, Schattieren, Schutz vor Tierverbiß, Freihalten von Konkurrenten).
  9. Graphische Darstellung eines Lageplanes der einzelnen Pflanz- oder Aussaatflächen.

[3] Man sollte möglichst zahlreiche Individuen einer Art ausbringen, da infolge nicht immer optimal gewählter Pflanzstellen und durch Tierverbiß viele von ihnen absterben bzw. vernichtet werden können.

10. Zahl der angewachsenen sowie der abgestorbenen Individuen zu gewissen Kontrollzeitpunkten; Vitalität und Gesundheitszustand.
11. Gründe für das Verkümmern bzw. Absterben (nachgewiesene und vermutete Gründe) (Tierfraß, Pflanzenkrankheiten, Trockenheit, menschliche Einwirkung usw.).
12. Eigenvermehrung (erfolgreiche Selbstaussaat, vegetative Vermehrung usw.).

Im Falle der Einbürgerung einer Sippe sollte für die Ausbringungsfläche ein gesetzlicher Schutzstatus erwirkt werden. Schon vorher ist jedoch möglichst bald nach der Ausbringung eine vorläufige Sicherung zu gewährleisten.

Im folgenden soll über unsere Einbürgerungsversuche und die dabei gewonnenen Erfahrungen am Beispiel von 5 Arten berichtet werden (Stand: 1. 6. 1981). Als Beispiele wählten wir Arten aus, die bei uns den Grenzbereich ihres Gesamtareals haben, da solche Vorposten oft besonders gefährdet und auch pflanzengeographisch von besonderer Bedeutung sind.

2.2. Schutzbedürftige Pflanzenarten

Kreta-Andorn (*Marrubium peregrinum* L.)

Die auf der Balkan-Halbinsel, im pannonischen Becken und in der Südukraine verbreitete Art erreicht in Mitteleuropa nur noch wenige Örtlichkeiten, die meist (so z. B. CULLEN in TUTIN et al. 1972, S. 138 und Gesamtverbreitungskarte bei MEUSEL et al. 1978, Kartenband, S. 372) als synanthrop angesehen werden. Für die meisten mitteleuropäischen Vorkommen mag dies zutreffen (so z. B. Kiesgrube in Erfurt-Ilversgehofen 1896; auf dem Kirchhofe zu Waltersdorf Krs. Sömmerda 1838; Jena, bei der Schneidemühle 1866; Neiße-Ufer bei Forst 1908). Die Vorkommen im sommerwarmen, niederschlagsarmen Gebiet zwischen Eisleben und dem Süßen See, die ökosoziologisch sehr an die südosteuropäischen Fundgebiete erinnern, werden jedoch — und nach unserer Meinung mit Recht — von WEIN (1937, S. 119), dem hervorragenden Botanikhistoriographen und Floristen, als ursprünglich (also nicht einmal als alte Kulturrelikte) angesehen, und zwar mit der Begründung, daß sich die Art, die schon V. CORDUS im Jahre 1542 in diesem Gebiet „an rauhen und etwas erhöhten Orten um die Dörfer, wie zwischen Seeburg und Eisleben" fand (CORDUS 1561 a, Fol. 146a), um diese Zeit „in Deutschland noch nicht in Kultur befand und . . . auch sonst noch von keinem Botaniker beschrieben war. Erst 1588 läßt sie sich als Gartenpflanze in Nürnberg bei JOACHIM CAMERARIUS nachweisen". Ebenfalls noch aus dem 16. Jh. stammen auch drei Herbarbelege (Näheres über diese vgl. SCHULZ 1913a, S. 66/67), sämtlich von CASPAR RATZENBERGER († 1603) gesammelt: der eine, als „*Stachis, Sideritis Islebiaca*" bezeichnet, befindet sich in dessen Kasseler Herbar (1592 zusammengestellt) und wurde „zu Ryesdorff [Rißdorf] am Berge 1557" gesammelt, die beiden anderen (im Gothaer Herbar, 1598) sind als „*Stachis seu Sideritis Mansfeldica et Hercinia*" bezeichnet und ohne genauere Funddaten. Offenbar war die Art früher wesentlich verbreiteter als heute. Darauf weisen neben dem Ausdruck „um die Dörfer" auch Angaben wie „in Menge bei Erdeborn" (BUXBAUM 1721, S. 209), bei Helfta (RUPP 1726, S. 187; LEYSER 1761, S. 111) und bei Rollsdorf (ROTH, in G. F. HOFFMANN 1791, S. 210) hin. Heute sind uns nur noch 22 Individuen bekannt, ein sehr altes und kräftiges auf dem „Alten Kirchhof" in Erdeborn (hier mindestens seit SPRENGEL 1806, S. 173, beobachtet und in der Literatur immer wieder bestätigt, zuletzt 1980 von EBEL und H. SCHMIDT, unveröff.; nach WALLROTH 1840, S. 61/62 hier schon „seit einigen Jahrhunderten"), die übrigen 21 an 3 nahe beieinanderliegenden halbruderalen Lokalitäten auf tiefgründigen Lößsteppenböden östlich Wormsleben (LÜHNE, briefl. 1981). Der individuenreichste dieser Fundorte ist in letzter Zeit durch eine zunehmende Verbuschung (*Prunus domestica*) gefährdet und in seiner Individuenzahl seit 1959, als ihn der eine von uns (RAUSCHERT) erstmals sah, deutlich zurückgegangen. Wegen dieses starken und seit Jahrhunderten anhaltenden Rückganges beschlossen wir, Standortsmaterial dieser vom Aussterben bedrohten Art im Botanischen Garten Halle zu vermehren und die vorkultivierten Jungpflanzen an diesem Standort und in seiner nächsten Nähe wieder auszupflanzen.

Im Mai und Juni 1980 wurde der Austrieb einiger Jungpflanzen, die wir aus im Oktober 1979 bei Wormsleben gesammelten Saatgut angezogen hatten, geschnitten und in einem Sand-Torf-Gemisch bewurzelt. Im Juni 1980 konnten bereits 31 Sämlingspflanzen und im Juli 1980 185 weitere Sämlings- und Stecklingspflanzen an drei verschiedenen Örtlichkeiten im

Abb. 1: Jungpflanzen von *Marrubium peregrinum* (Aussaat im Oktober 1979 im Botanischen Garten Halle) etwa ein Jahr nach ihrer Ausbringung bei Wormsleben (Foto Juli 1981). Die auf kleinen Pflanzflächen angesiedelten Setzlinge werden in ihren ersten Lebensjahren konkurrenzarm gehalten. (Foto: F. EBEL)

Gebiet von Wormsleben auf ruderal beeinflußten Halbtrockenrasenstandorten ausgebracht werden.
90—95% der 1980 ausgepflanzten Individuen haben den Sommer, Herbst und den Winter 1980/81 gut überstanden (Abb. 1, Tafel I). Die geringfügigen Verluste beschränken sich weitgehend auf nährstoffärmere, flachgründige Bodenbereiche, wo die Pflanzen allgemein eine geminderte Vitalität aufweisen. Durch eine weitere Pflanzung im Gebiet von Wormsleben im April 1981 und durch Aussaaten sollen die bisherigen Ergebnisse konsolidiert werden. Pflege, Beobachtung und Dokumentation hat die Arbeitsgemeinschaft „Naturschutz und Landeskultur" der POS Lüttchendorf unter Leitung von Herrn E. LÜHNE (Wormsleben), Fachlehrer für Biologie und Stellvertreter des Kreisnaturschutzbeauftragten von Eisleben, übernommen. Diese Arbeitsgruppe entbuschte auch im Frühjahr 1980 den obengenannten, durch *Prunus domestica* bedrohten Fundort von *M. peregrinum*.

Felsen-Beifuß (*Artemisia rupestris* L.)

Der Felsen-Beifuß ist zweifellos eine der seltensten, pflanzengeographisch bemerkenswertesten und am stärksten vom Aussterben bedrohten Arten der DDR. Das geschlossene Areal dieser kontinentalen Steppenstaude endet westwärts bereits am Ural. In Europa findet sich die Art nur in weit voneinander getrennten Vorposten in Estland, auf Öland und in der südlichen DDR, hier in 2 kleinen Teilarealen mit jeweils mehreren Fundorten im Raum zwischen Staßfurt und Bernburg (Zusammenstellung der Einzelfundorte bei EBERT 1929, S. 343; bei Staßfurt bereits von CORDUS 1561 b, Fol. 223 b, als „*Monoclono Artemisiae non dissimilis herba*" entdeckt; 1929 nur noch an 2 Stellen spärlich, seitdem verschollen) und im Gebiete Artern-Kachstedt-Borxleben (hier seit der Jahrhundertwende nur noch im NSG „Solgraben" bei Artern; Näheres über die ehemalige Verbreitung bei SCHULZ 1914). Im Solgrabengebiet beobachtete der eine von uns (RAUSCHERT) von 1948 bis 1960 etwa 2 Dutzend kräftige Pflanzen inmitten der dichten *Artemisia-maritima*-Bestände, die eine zwischen dem Solgraben und seinem kleinen Parallelgraben, die übrigen dicht jenseits des Parallelgrabens. Letztere Exemplare wurden 1960 infolge Anlegung einer Hühnerfarm (die im Oktober 1962, da sie im Naturschutzgebiet lag, wieder abgerissen werden mußte) vernichtet, nur das erwähnte Einzelexemplar (vielleicht auch 2—4 Individuen, die zu einem 0,5 m^2 großen Polster dicht verfilzt sind) konnte von RAUSCHERT seit 1960 bis heute (1981) weiter beobachtet werden (vgl. RAUSCHERT 1964, S. 653; 1979 b, S. 65). Die Angabe bei MERXMÜLLER und ROTHMALER (1963, S. 218), *A. rupestris* sei 1960 in Deutschland erloschen, beruht auf Unkenntnis der Tatsachen.

Dieses letzte mitteleuropäische Exemplar wuchs bis 1979 (wir haben es jetzt etwas freigelegt) derart versteckt in den dichten, viel höheren, umfangreichen *Artemisia-maritima*-Beständen, so daß es in Jahren, in denen keine Blütenstengel ausgebildet waren, selbst bei sehr genauer Kenntnis der Fundstelle kaum auffindbar war. Aus diesem Exemplar, das 1979 etwa 40 Blütenstengel und etwa 200 nichtblühende Triebe entwickelt hatte, gewannen wir im September 1979 15 Teilpflanzen, die im Frühjahr 1980 Stecklingsmaterial für die weitere Vermehrung lieferten.
Zur Erhöhung der Einbürgerungschance und zur Erkundung der günstigsten Wuchsbedingungen brachten wir Jungpflanzen dieser Art im NSG „Solgraben" sowohl auf zwei kleinen Pflanzflächen inmitten der *Artemisia-maritima*-Bestände (7 Individuen, Juli 1980) als auch auf einem nährstoffreichen Beet am Rande des NSG „Solgraben" (30 Individuen, September 1980) aus. Der Vergleich dieser beiden Kulturen zeigt, daß nährstoffärmere Standorte für derartige Pflanzungen geeigneter erscheinen. Von den auf dem Beet gezogenen Individuen wurden 11 durch Kaninchen im April/Mai 1981 vernichtet; die verbliebenen Exemplare entwickelten sich üppig.
Zur Sicherung des Überlebens der Art wurden im April 1981 weitere 9, im Juni 1981 nochmals 20 Exemplare an 5 Pflanzstellen im Bereich des NSG „Solgraben" bei Artern ange-

siedelt. Weitere Pflanzungen sind in der Umgebung von Ringleben und Esperstedt (5—7 km westlich von Artern) vorgesehen.

Gersten-Segge (*Carex hordeistichos* VILL.)

Carex hordeistichos hat ihren Verbreitungsschwerpunkt in der pannonischen Florenprovinz und der Ukraine und tritt in Zentral- und Westeuropa (bis Spanien) sowie in Nordafrika nur noch vereinzelt auf (Gesamtverbreitungskarte bei MEUSEL et al. 1965, Kartenband S. 78c). In der DDR findet sie sich nur im Süden um Arnstadt, im Geratal von Erfurt bis Gebesee, bei Bad Tennstedt, Kindelbrück, zwischen Artern und Bad Frankenhausen und an der Numburg bei Kelbra (in den Halophytengebieten der Mansfelder Seen und um Bernburg-Staßfurt fehlend), in der BRD nur bei Gaualgesheim und in der Wetterau. In der BRD ist die Art nach BLAB et al. (1977) vom Aussterben bedroht. Auch in der DDR ist sie in starkem Rückgang. Von den drei Fundorten südlich Arnstadt (KRAHMER 1929, S. 6) konnte 1971 nur noch einer (am Feldweg bei Angelhausen) mit 6 Horsten bestätigt werden, von denen 5 noch im selben Jahre durch Aufschütten einer Schotterdecke und der letzte 1973 durch Umpflügen des Weges vernichtet wurden (RAUSCHERT 1973, S. 31; 1975, S. 83). Im Geratal von Erfurt bis zur Mündung in die Unstrut sowie um Bad Tennstedt wurden im 19. Jh. etwa ein Dutzend Fundorte bekannt (Näheres bei BUDDENSIEG 1885, S. 48 und REINECKE 1914, S. 42); bereits um die Jahrhundertwende waren diese sämtlich verschollen (REINECKE 1900, S. 57). Der 1903 von KAPPEL bei Kindelbrück entdeckte Fundort (RAUSCHERT 1966, S. 763) ist seitdem unbestätigt. Bei Artern (Deichwiesen nach Schönfeld zu) wurde die Art 1906 von KAPPEL und 1908 von A. SCHULZ aufgefunden (SCHULZ 1914, S. 17); noch 1965 hat sie BERG in dieser Gegend „dicht an der riesigen Schutthalde“ beobachtet (RAUSCHERT 1967, S. 869), sie wurde aber 1980 von RAUSCHERT nicht mehr aufgefunden (die Schutthalde wird ständig erweitert). Das Esperstedter Ried wird von WEIN (1926, S. 72) als der „Hauptfundort“ bezeichnet; hier ist die Art seitdem von mehreren Beobachtern an verschiedenen Stellen bestätigt worden, zuletzt von MAIZIS 1981 (mündliche Mitteilung) am Ufer einer wassergefüllten Kiesgrube zwischen Esperstedt und Oldisleben; sie ist aber auch im Esperstedter Ried offensichtlich stark zurückgegangen. Bei Kachstedt war die Art 1921 „in großer Menge“ auf einer Fläche von 1600 m^2 vorhanden (BREITENBACH 1925, S. 3) und wurde daselbst noch 1960 auf der schwach salzhaltigen Viehweide südwestlich des ehemaligen Bahnhofs in großer Zahl bestätigt (RAUSCHERT 1980a, S. 35); im Jahre 1980 fand EBEL nur noch 8 Horste (am Ende eines Entwässerungsgrabens) und einige Wochen später konnte RAUSCHERT nach sehr gründlicher Suche in der Viehweide noch 4 weitere Horste (an 2 Stellen) auffinden. Bei Borxleben wurde die Gersten-Segge erst 1980 entdeckt (4 Horste an 2 Stellen; RAUSCHERT 1980a, S. 35). Bei Bad Frankenhausen waren 2 Fundorte bekannt, einer westlich der Stadt bei der Teichmühle (um 1860, SCHULZ 1914, S. 25; seitdem verschollen), der andere im Jahre 1957 auf Viehkoppeln am Ostrand der Stadt in großen Beständen (RAUSCHERT 1963, S. 711; hier 1980 von RAUSCHERT vergeblich gesucht, wohl durch Schuttablagerung vernichtet). Der altbekannte Fundort an der Salzquelle unmittelbar bei der Domäne Numburg, der 1962 etwa 250 kräftige Horste umfaßte (RAUSCHERT 1963, S. 711), wurde durch den Kelbraer Stausee überflutet und völlig vernichtet.

Wie aus diesen Angaben hervorgeht, sind uns z. Z. nur noch drei individuenarme Fundorte aus der DDR bekannt, so daß *C. hordeistichos* in der DDR als eine vom Aussterben bedrohte Art angesehen werden muß, die die sofortige Einleitung von Schutzmaßnahmen fordert. Wir halten auch hier die Vermehrung im Botanischen Garten und die Wiederauspflanzung für das aussichtsreichste Verfahren.

Die im Juli 1980 durchgeführte vegetative Vermehrung durch Gewinnung von Teilpflanzen verlief problemlos. Die sowohl unter Freiland- als auch unter Gewächshausbedingungen gehaltenen Aussaaten vom Oktober 1980 sind jedoch bislang noch nicht zufriedenstellend aufgelaufen. Vermutlich haben wir das ausgesäte Saatgut anfangs zu trocken gehalten. Im April 1981 wurden 27 der vorkultivierten Teilpflanzen in unmittelbarer Nähe des natürlichen Wuchsortes bei Kachstedt angesiedelt, allerdings in einem kleinen, eingezäunten Schutzgarten (Abb. 2, Tafel II u. Abb. 3, Tafel II). Obwohl die sehr robusten Horste gegen einen nicht allzu starken Verbiß durch Weidetiere und gegen Trittwirkungen relativ wenig empfindlich zu sein scheinen, wollten wir die ausgebrachten Pflanzen dem hier regelmäßig stattfindenden Weidegang durch Schafe nicht aussetzen.

Abb. 2: Der im April 1981 bei Kachstedt angelegte Schutzgarten soll der Erhaltung von *Carex hordeistichos* dienen; im Hintergrund das Kyffhäusergebirge. (Foto: O. BIRNBAUM)

Abb. 3: Drei Teilpflanzen von *Carex hordeistichos* etwa 6 Wochen nach ihrer Ausbringung auf einer kleinen Pflanzfläche am Rande eines alten Entwässerungsgrabens innerhalb des Schutzgartens bei Kachstedt. (Foto: O. BIRNBAUM)

Die ca. 80 m^2 große Fläche des Schutzgartens wird in ihrer Längsrichtung von einem kleinen, sumpfigen Entwässerungsgraben durchzogen, dessen beidseitige Flanken allmählich ansteigen. Dieses Mikrorelief mit seiner differenzierten Bodenfeuchte bietet unseres Erachtens günstige Chancen für die Ermittlung der optimalen Feuchteansprüche von *Carex hordeistichos*. So brachten wir die Pflanzen auf einem rechtwinklig zum Graben angelegten, 80 cm breiten Beet aus, dessen Bodenfeuchte mit wachsendem Abstand vom Graben abnimmt. Für vergleichende Beobachtungen wurden auch einige Individuen in die benachbarte geschlossene Rasenfläche eingesetzt. Der Zaun wurde während eines Arbeitseinsatzes von Mitgliedern der LPG Ringleben und des Naturschutzhelferkollektivs des Kreises Artern gefertigt.
Eine weitere kleine Versuchspflanzung legten wir auch im Bereich des „Solgrabens" in Artern an. Im Gebiet von Ringleben und Esperstedt sollen im Juli 1981 weitere Individuen ausgebracht werden.
Pflege und Dokumentation von *Carex hordeistichos* und *Artemisia rupestris* haben die Herren H. ASCHENBACH (Ringleben), W. FRICKE (Artern), H. MAIZIS (Esperstedt) und O. SIEBER (Artern) übernommen.

Alpen-Gänsekresse (*Arabis alpina* L.)

Ausführliche Angaben über die Entdeckungsgeschichte der arktisch-alpinen Art im Südharz, über ihre (sicheren und angeblichen) Harzvorkommen und die dortigen ökosoziologischen Verhältnisse finden sich bei RAUSCHERT (1979a, S. 43/44) und in der dort zitierten Literatur (besonders SCHULZ 1912, 1913b). Der klassische, von WALLROTH um 1830 entdeckte, noch in den dreißiger Jahren dieses Jahrhunderts individuenreiche Fundort bei der Ellricher Papiermühle, weist heute nur noch 3 Pflanzen auf, die durch den Steinbruchbetrieb stark gefährdet sind (K. REINHARDT, Ellrich, brieflich 1980, zitiert bei RAUSCHERT 1980b, S. 37). Ein zweites sicher ursprüngliches, einige Kilometer weiter westlich in der BRD gelegenes Vorkommen in der „Hölle" bei Walkenried (MEUSEL 1939, S. 46) ist unbestätigt. Im Jahre 1980 entdeckte REINHARDT einen dritten Fundort in einem Gipssteinbruch etwa 1 km östlich der Ellricher Papiermühle (Näheres bei RAUSCHERT 1980, S. 37f.); an diesen Sekundärstandort dürfte die Art erst in jüngerer Zeit subspontan gelangt sein, eine bewußte Ansiedlung durch den Menschen scheint nicht vorzuliegen.
Wegen der außerordentlich starken Gefährdung am locus classicus hatte REINHARDT bereits im Jahre 1969 Pflanzen, die er aus Saatgut von der Ellricher Papiermühle aufgezogen hatte, an einem ökosoziologisch ähnlichen, 3,4 km entfernten Standort am steilen Nordhang des Gipserdfalls „Igelsumpf" zwischen Woffleben, Mauderode und Hörningen auf engbegrenztem Raume ausgebracht (mündliche Mitteilung Juli 1978). An dieser Stelle traf RAUSCHERT im August 1978 auf ruhendem, mäßig humosem Gipsboden etwa 30 gutwüchsige Individuen an, außerdem in etwa 20 m Entfernung, am Hangfuß dicht über der Wasserfläche, in sehr lockerem und beweglichen, äußerst humusarmen Gipsgeröll, zwei einzelne, kräftige Pflanzen, die sich offenbar subspontan dorthin ausgebreitet hatten, jedoch im September 1979 nicht mehr angetroffen wurden, da sie von nachrollenden Gipsbrocken zugeschüttet oder weggerissen waren.

Von den Igelsumpf-Pflanzen entnahmen wir im September 1979 das Saatgut für eine weitere Vermehrung. Im Juni 1980 brachten wir 50 Exemplare am Igelsumpf aus. Außerdem siedelten wir im Gebiet von Appenrode und Niedersachswerfen in drei einander benachbarten Steinbrüchen am Nordhang des Höhenzuges zwischen Himmel- und Mühlberg im September 1980 74, im April 1981 65 weitere Individuen an.
Während am Igelsumpf nur 20 der von uns neugepflanzten Exemplare den Winter 1980/81 überdauerten, waren dank der guten Standortswahl durch K. REINHARDT die Verluste an den Pflanzstellen zwischen Himmel- und Mühlberg nur gering. Einige der 1980 gepflanzten Individuen erblühten hier bereits im April 1981. Der relativ geringe Erfolg unserer Pflanzung am Igelsumpf ist wohl darin begründet, daß wir die Mehrzahl der Individuen an zu konkurrenzstarken Lokalitäten, z. T. im Schatten von Bäumen, angesiedelt hatten. *Arabis alpina* bevorzugt jedoch offensichtlich konkurrenzarme Gipsschotterfluren in Nordexposition.

Zweifarbige Weide (*Salix bicolor* EHRH. ex WILLD.)

Salix bicolor ist vom Harze nur aus der unmittelbaren Umgebung des Brockens bekannt geworden (spezielle Fundorte bei PETER 1901, S. 76). Während der Entdecker, F. EHRHART, 1789 nur männliche Pflanzen als Herbarpflanze in seinen Decaden verteilte, haben HAMPE (1861, S. 59/60) und alle späteren Beobachter nur noch weibliche Sträucher gesehen. Obwohl damit eine Samenvermehrung ausgeschlossen war, hat sich *S. bicolor* im Harze doch noch über 100 Jahre gehalten. Sie muß aber bereits um die Jahrhundertwende sehr selten gewesen sein, da DRUDE (1902, S. 243) schreibt, daß sie nur noch am obersten Nordhang am Fußsteig nach Ilsenburg vorkomme, und da auch PETER (l. c.) sie nur noch an diesem Fundort gesehen hat. Im Jahre 1962 existierte nur noch ein einziges uns bekanntes Exemplar in der Nähe der Kläranlage des Brockenhotels (EBEL). 1980 erfuhren wir, daß diese Pflanze vermutlich bei Planierungsarbeiten vernichtet worden ist. Bedauerlicherweise war eine aus Steckholz dieser Wildherkunft im Botanischen Garten Halle 1962 angezogene und später kultivierte Pflanze 1978 abgestorben. Von einer zweiten Stecklingspflanze derselben Herkunft, die wir 1962 Herrn W. MEUSEL für dessen Arktisch-Alpinen Garten in Karl-Marx-Stadt zur Verfügung gestellt hatten, übergab uns dieser auf unsere Bitte hin im September 1980 Steckholz für Vermehrungszwecke.[4]

Die aus den Stecklingen gezogenen Jungpflanzen sollen in den nächsten Jahren in einem neuerdings von der Kreisnaturschutzverwaltung Wernigerode unter fachlicher Beratung des Botanischen Gartens der Martin-Luther-Universität Halle eingerichteten Schutzgarten an den Zeterklippen und in dessen Umgebung ausgebracht werden. Der Garten liegt in unmittelbarer Nähe des Brockenmassivs bei 929 m NN und soll dem Schutz einiger seltener und vom Aussterben bedrohter Pflanzenarten des Harzes dienen.

Um das Risiko eines Verlustes dieser Sippe möglichst klein zu halten, wurden neben der Stecklingsvermehrung kurze Triebe von *S. bicolor* auf *S. caprea*- und *S. retusa*-Ammen veredelt. Diese Pflanzen können uns gegebenenfalls in den nächsten Jahren Steckhölzer für weitere Vermehrungsarbeit liefern. Wir hoffen, daß es uns gelingt, das genetische Material des letzten in der DDR vorhandenen, nunmehr aber auch am natürlichen Standort vernichteten Strauches zu erhalten. Diese Schutzaktion erscheint deshalb besonders dringlich, weil nach CHMELAŘ die Brockenweide eine eigenständige infraspezifische Sippe von *S. bicolor* darstellt (mdl. Mitteilung von P. SCHMIDT, 1981).

Zusammenfassung

Von fünf in der DDR als vom Aussterben bedroht bzw. als stark gefährdet geltenden Arten (*Marrubium peregrinum*, *Artemisia rupestris*, *Carex hordeistichos*, *Arabis alpina*, *Salix bicolor*) wurden im Botanischen Garten Halle Jungpflanzen aus Saatgut, Stecklingen oder Teilpflanzen vom natürlichen Standort angezogen. Diese brachten wir unter Standortsbedingungen, die denen der Herkunftslokalitäten weitgehend ähneln, an jeweils zwei bis drei Lokalitäten im Herkunftsgebiet der Mutterpflanzen mit dem Ziel einer Wiedereinbürgerung aus. Obwohl die bisher vorliegenden Ergebnisse unserer Schutzversuche zunächst erfolgversprechend sind, können wir gegenwärtig noch keine Aussage über das endgültige Gelingen unserer Unternehmungen machen. Wir sind aber zuversichtlich, daß es uns trotz mancherlei Fehlschlägen gelingen wird, durch die vorgeschlagene Methode gewisse in Mitteleuropa heimische Arten zu erhalten.

Das Anliegen dieses Aufsatzes besteht jedoch nicht nur darin, über unsere Aktionen zu informieren. Wir möchten vielmehr die Botanischen Gärten dazu anregen, nicht in theoretischer Erörterung oder gar Resignation zu verharren, sondern mit Tatkraft und Optimismus an der Erhaltung des Genreservoirs unserer heimatlichen Landschaft mitzuwirken.

[4] Der von Herrn W. MEUSEL begründete und geleitete Arktisch-Alpine Garten in Karl-Marx-Stadt enthält eine Vielzahl von Hochgebirgsarten, deren Wildherkunft dokumentarisch verbürgt ist.

Резюме

Значение ботанических садов для сохранения угрожаемых и исчезнующих местных видов растений.
В Ботаническом саду в Галле доращены из посевного материала, из черенков или частей растений молодые растения от естественного местообитания, считающие в ГДР исчезающими или сильно угрожаемыми видами (*Marrubium peregrinum*, *Artemisia ruprestis*, *Carex hordeistichos*, *Arabis alpina*, *Salix bicolor*).
Мы насаждали их в условиях местообитания сходных тем их происхождения, в 2 — 3 площадях в месте происхождения материнского растения с целью реакклиматизации. Хотя полученные до сих пор результаты наших опытов охраны многообещающие, мы в настоящее время не можем делать высказывания о конечном успехе наших работ. Но мы уверены в том, что нам удается, несмотря на трудности, предложенным методом сохранять известные местные виды, встречающиеся в Среднеевропе.
В этой статье мы хотим не только информировать о намих работах. Мы и хотим побуждать ботанические сады не остаться в теоретических обсуждениях или в покорности, но активно и оптимистически помогать при сохранении генетических запасов нашего родного ландщафта.

Summary

The importance of the botanical gardens for the preservation of native plants which are endangered and threatened by extinction.
From the plants which are threatened by extinction within the GDR five species (*Marrubium peregrinum*, *Artemisia rupestris*, *Carex hordeistichos*, *Arabis alpina*, *Salix bicolor*) were raised in the botanical garden in the town of Halle out of seeds, sets or cuttings of plants taken from their natural environment. They were then taken to two to three places in the original district with the aim of re-naturalization. Although the hitherto existing results of our attempts at protection are relatively good we can not yet make a statement about the final success of our undertakings. We are confident that despite of sundry failures we will be successful in preserving some species indigenous to Middle Europe by the proposed method.
But the intention of this article is not only to inform about our activities. We would like to stimulate the botanical gardens not to persist in theoretical discussions or even in resignation but to take part actively and optimistically in the preservation of the genre reservoirs of our native landscape.

Dankesworte

Folgenden Herren bzw. Institutionen sind wir zu großem Dank verpflichtet:
Prof. Dr. R. Schubert (Halle), H. Aschenbach (Ringleben), Dr. W. Böhnert (Halle), H. Eckardt (Benneckenstein), W. Fricke (Artern), H.-G. Fuhrmann (Halle), E. Lühne (Wormsleben), H. Maizis (Esperstedt), W. Meusel (Karl-Marx-Stadt), H. Quitt (Wernigerode), K. Reinhardt (Ellrich), J. Röth (Halle), O. Sieber (Artern), H. Zoerner (Dessau),
Institut für Landschaftsforschung und Naturschutz der Akademie der Landwirtschaftswissenschaften der DDR.

Literatur

Apel, J.: Nebenergebnisse eines Naturschutzkolloquiums. Das Dilemma der Botanischen Gärten. Gärtnerisch-Botanischer Brief, Nr. 65 (1980) 3—6

BLAB, J.; NOWAK, E.; TRAUTMANN, W.; SUKOPP, H. (Hrsg.): Rote Liste der gefährdeten Tiere und Pflanzen in der Bundesrepublik Deutschland. Naturschutz aktuell — Texte zum Naturschutz und zur Landschaftspflege Nr. 1 (1977)

BREITENBACH, F.: Die Salzflorenstätten von Nordthüringen. Mitt. thüring. bot. Ver. 36 (1925) 18—20

BUDDENSIEG, F.: Systematisches Verzeichnis der in der Umgebung von Tennstedt wildwachsenden und kultivierten phanerogamischen Pflanzen nebst einigen Kryptogamen und Algen. Irmischia 5 (1885) 47—51

BUSCHENDORF, J.; EBEL, F.; TAUCHERT, K.-H.: Biogeographische Kartierung in den Stadtkreisen Halle, Halle-Neustadt sowie im Saalkreis. Mitt. aus dem Botanischen Garten der Sektion Biowissenschaften Halle, Nr. 46. Naturschutzarbeit in den Bezirken Halle und Magdeburg 18, 1 (1981) III—VI

BUXBAUM, J. C.: Enumeratio plantarum accuratior in agro Halensi locisque vicinis crescentium . . . Halae et Magdeburgicae 1721

CHMELAŘ, J.; MEUSEL, W.: Die Weiden Europas. Die Neue Brehm-Bücherei, Nr. 494. Wittenberg Lutherstadt 1976.

CORDUS, V.: Historiae plantarum libri IV (hrsg. von C. GESNER). Argentorati 1561a

CORDUS, V.: Sylva observationum variarum, quas inter peregrinandum brevissime notavit, primum de rebus fossilibus, ut lapidibus, metallis etc. deinde etiam plantis (hrsg. von C. GESNER). Argentorati 1561b

DRUDE, O.: Der hercynische Florenbezirk (= Die Vegetation der Erde, hrsg. von A. ENGLER, Bd. 6). Leipzig 1902

EBEL, F.: Die Bedeutung der Botanischen Gärten für Landeskultur und Naturschutz. Mitt. aus dem Botanischen Garten der Sektion Biowissenschaften Halle, Nr. 40. Wiss. Z. Univ. Halle, math.-nat. R., 28 (1979) 95—105

EBERT, W.: Flora des Kreises Bernburg und der angrenzenden Gebiete. Bernburg 1929

ERN, H.: Erhaltung bedrohter Pflanzenarten durch Botanische Gärten. Gärtnerisch-Botanischer Brief, Nr. 63 (1980) 5—17

HAMPE, E.: Betrachtungen über den jetzigen Bestand der Flora des Harzgebietes. Ber. naturw. Ver. d. Harzes f. d. Jahre 1859—1860 (1861) 58—61

HEMPEL, W.: Ansalbung oder Umsetzung. Naturschutzarbeit und naturkundliche Heimatforschung in Sachsen H. 12. (1970) 31—35

HERING, E. M.: Bestimmungstabellen der Blattminen von Europa. 's-Gravenhage 1957

HOFFMANN, G. F.: Deutschlands Flora oder Botanisches Taschenbuch für das Jahr 1791. Erlangen 1791

Konferenz über die Rolle Botanischer Gärten bei der Erhaltung seltener und gefährdeter Pflanzenarten im September 1978 in Kew. Gärtnerisch-Botanischer Brief, Nr. 58 (1978) 7—8

KRAHMER, B.: Pflanzen-Verzeichnis für die Umgebung Arnstadts und das südliche Thüringen. Arnstadt 1929

Kulturbund der DDR, Zentraler Fachausschuß Botanik (Hrsg.): Florenwandel und Naturschutz — 2. Zentrale Tagung für Botanik 1977

LEYSER, F. W. v.: Flora Halensis, exhibens plantas circa Halam Salicam crescentes . . . Halae Salicae 1761

LUCAS, G. LL.; WALTERS, S. M. (eds.): List of rare, threatened & endemic plants for the countries of Europe. Kew 1976

LUCAS, G. LL.: Threatened Plants Committee-Newsletter, Nr. 1ff. (1977ff.).

MELVILLE, R.: Red Data Book. V *Angiospermae*. IUCN Lausanne 1970

MERXMÜLLER, H.; ROTHMALER, W.: Floristic Report on Germany. Webbia 18 (1963) 211—236

MEUSEL, H.: Die Vegetationsverhältnisse der Gipsberge im Kyffhäuser und im südlichen Harzvorland. Hercynia **2**, 4 (1939) 1—372

MEUSEL, H.; JÄGER, E.; WEINERT, E.: Vergleichende Chorologie der zentraleuropäischen Flora, Bd. I. Jena 1965

MEUSEL, H.; JÄGER, E.; RAUSCHERT, S.; WEINERT, E.: Vergleichende Chorologie der zentraleuropäischen Flora, Bd. II. Jena 1978

MILITZER, M.: Pflanzen in Not — über die Umsiedlung seltener einheimischer Pflanzen. Naturschutzarbeit und naturkundliche Heimatforschung in Sachsen H. 12 (1970) 28—31

PERRING, F. H.: Conservation of seed of rare species. Huntingdon 1975

PETER, A.: Flora von Südhannover nebst den angrenzenden Gebieten. Göttingen 1901

RAUSCHERT, S.: Zur Flora von Thüringen I. Wiss. Z. Univ. Halle, math.-nat. R., 12 (1963) 710—713

RAUSCHERT, S.: Zur Flora Thüringens und der nördlich angrenzenden Gebiete. Ebenda 13 (1964) 651—653

RAUSCHERT, S.: Zur Flora von Thüringen (5. Beitrag). Ebenda 15 (1966) 762—765. — 6. Beitrag, ebenda 16 (1967) 869—871. — 8. Beitrag, ebenda 21 (1972a) 59—60. — 9. Beitrag, ebenda 22 (1973) 30—31. —

10. Beitrag, ebenda 24 (1975) 79—83. — 12. Beitrag, Mitt. flor. Kart. Halle 5 (2) (1979a) 39—52. — 13. Beitrag, ebenda 6 (1/2) (1980b) 36—42

RAUSCHERT, S.: Beiträge zur Kenntnis der Flora von Mitteldeutschland. Wiss. Z. Fr.-Schiller-Univ. Jena, math.-nat. R., 19 (1970) 413—418

RAUSCHERT, S.: Zur Flora des Bezirkes Halle (4. Beitrag). Wiss. Z. Univ. Halle, math.-nat. R., 21 (1972b) 63—65. — 8. Beitrag. Mitt. flor. Kart. Halle 5 (2) (1979b) 57—73. — 9. Beitrag, ebenda 6 (1/2) (1980a) 30—36

RAUSCHERT, S.: Verbreitungskarten mitteldeutscher Leitpflanzen, 13. Reihe. Wiss. Z. Univ. Halle, math.-nat. R., 21 (1972c) 7—68

RAUSCHERT, S., unter Mitarbeit von BENKERT, D.; HEMPEL, W.; JESCHKE, L.: Liste der in der Deutschen Demokratischen Republik erloschenen und gefährdeten Farn- und Blütenpflanzen (hrsg. vom Kulturbund der DDR, Zentraler Fachausschuß Botanik) 1979 —

REICHHOFF, L.: Umsetzen von Populationen geschützter oder seltener Pflanzenarten bei Gefährdung ihrer Standorte. Naturschutz und naturkundliche Heimatforschung in den Bezirken Halle und Magdeburg 14, 1 (1977) 33—36

REINECKE, K. L.: Zur Flora von Erfurt. Mitt. thüring. bot. Ver. 15 (1900) 48—58

REINECKE, K. L.: Flora von Erfurt. Erfurt 1914

RUPP, H. B.: Flora Jenensis sive enumeratio plantarum, tam sponte circa Jenam et in locis vicinis nascentium, quam in hortis obviarum ... Ed. II multis in locis correcta et aucta (a FRÖHLICH edit.). Francf. et Lips. 1726

SCHMIDT, P.: Der Forstbotanische Garten Tharandt und Probleme der Landeskultur und des Umweltschutzes. Wiss. Z. Techn. Univ. Dresden 27 (1978) 1349—1351

SCHULZ, A.: Über die Wohnstätten einiger Phanerogamenarten (*Salix hastata*, *Gypsophila repens*, *Arabis alpina* und *A. petraea*) im Zechsteingebiet am Südrand des Harzes ... Mitt. thüring. bot. Ver. 29 (1912) 1—23

SCHULZ, A.: Über das Vorkommen von *Marrubium creticum* MILL. und *M. creticum* MILL. × *vulgare* L. in der Grafschaft Mansfeld im 16. Jahrhundert. Mitt. thüring. bot. Ver. 30 (1913a) 65—68

SCHULZ, A.: Beiträge zur Kenntnis der Flora und Pflanzendecke des Saalebezirkes. I. *Arabis alpina* L. im Zechsteingebiete am Südrand des Harzes. Z. f. Naturwiss. 84 (1913b) 197—205

SCHULZ, A.: Über die Ansiedlung und Verbreitung halophiler Phanerogamenarten in den Niederungen zwischen Bendeleben und Nebra. Mitt. thüring. bot. Ver. 31 (1914) 11—29

SCHULZE-MOTEL, W.: Gedanken über zukünftige Aufgaben der Botanischen Gärten. Taxon 19 (1970) 55—58

SIMMONS, J. B.; BEYER, R. I.; BRANDHAM, P. E.; LUCAS, G. LL.; PARRY, V. T. H. (eds): Conservation of threatened Plants. New York and London 1976

SPRENGEL, C.: Florae Halensis tentamen novum. Halae 1806

SUKOPP, H.; TRAUTMANN, W.; KORNECK, D.: Auswertung der Roten Liste gefährdeter Farn- und Blütenpflanzen in der Bundesrepublik Deutschland für den Arten- und Biotopschutz. Schriftenreihe f. Vegetationskunde, H. 12 (1978)

TUTIN, T. G., et al. (eds.): Flora Europaea Bd. 3, Cambridge 1972, Bd. 4, Cambridge 1976.

WALLROTH, F. W.: Scholion zu Hampe's Prodromus Florae Hercyniae. Ein Sendschreiben an den Apotheker ERNST HAMPE zu Blankenburg. Linnaea 14 (1840) 1—158 und 529—704

WALTERS, S. M.: Die Rolle der europäischen Botanischen Gärten bei der Erhaltung von seltenen und bedrohten Pflanzenarten. Gärtnerisch-Botanischer Brief Nr. 51 (1977) 23—41

WEIN, K.: Die Pflanzenwelt der Umgebung von Sangerhausen in ihrer Abhängigkeit von der Umwelt. Mitt. Ver. Geschichte u. Naturwiss. in Sangerhausen u. Umgebung 16 (1926) 50—85

WEIN, K.: Die Pflanzendecke des Mansfelder Landes. „Mein Mansfelder Land". Beiträge zur Eisleber Ztg. Nr. 14—17 (1937) 106—130

WIEGAND-NEHAB, U.: Zur Erhaltung gefährdeter Farn- und Blütenpflanzen mit Hilfe Botanischer Gärten. Gärtnerisch-Botanischer Brief, Nr. 65 (1980)7—58

Eingegangen: 16. 8. 1981

Dr. FRIEDRICH EBEL Dr. STEPHAN RAUSCHERT
Sektion Biowissenschaften der Martin-Luther-Universität Halle,
Wissenschaftsbereich Geobotanik und Botanischer Garten.
DDR-4020 Halle,
Am Kirchtor 3

Arch. Naturschutz u. Landschaftsforsch., Berlin **22** 1982, 3, S. 201—202

Buchbesprechungen

LIPPERT, WOLFGANG: Fotoatlas der Alpenblumen. Blütenpflanzen der Ost- und Westalpen. Das große Bestimmungsbuch in Farbe. Mit 400 Farbfotos, 600 Zeichnungen und Verbreitungskarten. 28 × 21 cm, Leinen, 260 Seiten. 78,— DM. Gräfe und Unzer Verlag München 1981

Als Erster Vorsitzender der Bayerischen Botanischen Gesellschaft, Schriftleiter der Berichte der Bayerischen Botanischen Gesellschaft, Oberkonservator an der Botanischen Staatssammlung in München und einer der besten derzeitigen Kenner der Alpenpflanzen und -pflanzengesellschaften erscheint der Autor in einem besonderen Maße berufen, einen solchen Bildband über die Alpenblumen vorzulegen. Sein „Fotoatlas" ist ein Prachtband von 400 fototechnisch und drucktechnisch ausgezeichneten Farbfotos (meist 8,5 × 9 cm, je vier auf einer Seite), die von insgesamt 32 Berufsfotografen und fotografierenden Amateur- und Berufsbotanikern stammen. Für den Text zeichnet ausschließlich W. LIPPERT selbst als Autor. Dem Titel entsprechend sind „Nichtblumen", wie Süß- und Sauergräser, Binsengewächse usw. (abgesehen vom Foto eines herrlichen Massenbestandes von Scheuchzers Wollgras mit der Landschaft des Aletschgletschers im Hintergrund) weggelassen (was Referent etwas bedauert), wobei verlegerische Erwägungen die Hauptrolle gespielt haben mögen. Im Bildteil finden wir neben den bekannten und verbreiteten Alpenblumen auch Fotos von Endemiten, die sich nur in ganz kleinen Teilgebieten der Alpen reliktär erhalten haben und von denen Farbdias dieser Qualität bisher nicht publiziert wurden (*Allium insubricum*, *Dianthus furcatus* ssp. *lereschii*, *Saxifraga florulenta*, *Viola comollia*, *Linaria tonzigii*, *Campanula raineri* usw.). — Der Textteil gliedert sich in allgemeine Abschnitte, in denen über die Entstehungsgeschichte der Alpen und ihrer Pflanzenwelt, über „Wanderwege", über das Klima, die Höhenstufen der Vegetation von der kollinen bis zur nivalen Stufe in einer verständlichen und anschaulichen, im besten Sinne populärwissenschaftlichen Form berichtet wird. Unter dem Titel „Pflanzenleben in Fels und Eis" werden die extremen Standortbedingungen im Hochgebirge geschildert und die wichtigsten Vegetationstypen und Pflanzengesellschaften dargestellt. Von 100 Reliktendemiten und geographischen Vikarianten der Alpenflora werden Gesamtverbreitungskarten gegeben. Der spezielle Textteil bringt außer den Beschreibungen der abgebildeten Arten auch Hinweise auf weitere etwa 600 ähnliche Pflanzenarten des Alpengebietes und ihre Unterscheidungsmerkmale, so daß der Fotoatlas für Pflanzenfreunde und Bergwanderer wirklich das „große Bestimmungsbuch in Farbe" für die Pflanzenwelt der Alpen darstellt, wie es im Untertitel genannt wird.

Der immer stärker werdende Einfluß des Menschen (Massentourismus, Staudämme, Straßentrassen, Skipisten) bedroht heute auch in den Alpen die Pflanzen- und Tierwelt viel stärker als die meisten ahnen, und der Verfasser betrachtet es als ein wesentliches Anliegen seines Buches, die Schönheit der Alpenblumen breiten Bevölkerungskreisen vor Augen zu stellen und die Liebe zu ihnen zu wecken und „das Verständnis der Allgemeinheit für eine in Jahrtausenden gewachsene Landschaft und ihre Lebensgemeinschaften zu vertiefen — bis das Wissen um den Wert ökologisch intakter Naturräume und um die Notwendigkeit, sie zu erhalten, derart fest verankert ist, daß es vor allem auch bei wirtschaftlichen Erwägungen selbstverständlich einbezogen wird". Wer dieses Buch mit seinen begeisternd schönen Blumenfotos gesehen hat, wird verstehen, warum es jeden angeht, wenn von den Gefahren, die die Alpen und ihre Pflanzenwelt bedrohen, und der dringenden Notwendigkeit ihres Schutzes die Rede ist.

ST. RAUSCHERT, Halle/S.

CREUTZ, G. (1979): Sumpf- und Wasservögel. 5. Auflage, 160 S. mit 48 Farbtafeln von WOLFGANG LEUCK. LEIPZIG, JENA, BERLIN: URANIA-VERLAG 9,— M

Welcher junge Ornithologe hat nicht in den schweren Nachkriegsjahren voller Freude die ersten vogelkundlichen Bücher in den Schaufenstern liegen sehen? Von dem geringen Taschengeld und oftmals nur mit Unterstützung der Eltern konnte dann das ersehnte Buch gekauft werden.

Zu den wenigen ornithologischen Bestimmungsbüchern gehörten damals das „Taschenbuch der heimischen Singvögel" (15 Auflagen seit 1951), das „Taschenbuch der heimischen Raub- und Rabenvögel . . ." und auch das „Taschenbuch der heimischen Sumpf- und Wasservögel" (1954). Diese Taschenbücher gaben zahlreichen jungen Menschen Anregung für eine sinnvolle Freizeitgestaltung. Dafür gebührt Dr. GERHARD CREUTZ Dank und Anerkennung. Heute sind die kleinen handlichen Bestimmungsbücher fester Bestandteil der bewährten URANIA-Taschenbuchreihe.

Vom URANIA-Taschenbuch „Sumpf- und Wasservögel" liegt jetzt die 5. Auflage vor. Zu begrüßen ist die völlig neue Bebilderung, die von WOLFGANG LEUCK, Leipzig, geschaffen wurde. Die zahlreichen Abbildungen charakteristischer Flugbilder, verschiedener Federkleider, aber auch die ergänzende szenenartige Darstellung von rastenden, balzenden und brütenden Vögeln führten zu einer lebendigen Bildgestaltung. Sie läßt die liebevolle Hand erkennen, mit der insgesamt 117 Brutvögel und Durchzügler auf 48 Farbtafeln einprägsam gestaltet wurden.

Der zu letzten Auflage wenig veränderte Text charakterisiert unter den Begriffen Größe, Aussehen, Flugbild, Stimme, Eier, Lebensweise, Häufigkeit und Nahrung kurz und treffend die einzelne Art. Tabellen über Brutbiologie, Zugzeiten und Bestimmungsmerkmale sind eine wertvolle Ergänzung.

Bei einer eventuellen Überarbeitung des einführenden Teiles des Taschenbuches sollte in den Abschnitten „Das Vogelleben im Jahreslauf" und „Die Brutbiologie der Vögel" stärker auf die beschriebene Gruppe der Sumpf- und Wasservögel eingegangen werden.

Sumpf- und Wasservögel sind in ihrem Bestand weltweit stark gefährdet. Nationale und internationale Anstrengungen des Wasservogelschutzes (z. B. die Schaffung internationaler Feuchtgebiete) müßten deshalb mit erläutert werden. Hinweise zur aktiven Mitarbeit beim Schutz unserer heimischen Sumpf- und Wasservögel (Biotoppflege Nisthilfen) wären wünschenswert.

Leider war das Taschenbuch kurz nach dem Erscheinen bereits wieder vergriffen. Es bleibt nur zu hoffen, daß möglichst bald die 6. Auflage des gefragten Taschenbuches vom URANIA-Verlag vorgelegt werden kann.

S. SCHLOSSER, Halle/S.

Anwendung ökonomisch-mathematischer Methoden und der EDV in der Landwirtschaft

(Auswahl von Vorträgen vor der Sektion Mathematische Methoden und Datenverarbeitung der Akademie der Landwirtschaftswissenschaften der DDR aus den Jahren 1978 und 1979)

Tagungsbericht Nr. 186, Akademie der Landwirtschaftswissenschaften der DDR, 1981

Mit dem vorliegenden Tagungsbericht wird das Ziel verfolgt, den Prozeß der Anwendung von Methoden der mathematischen Optimierung in Wissenschaft und Leitungspraxis des Volkswirtschaftsbereiches Land- und Nahrungsgüterwirtschaft zu vertiefen und zu beschleunigen. Er hat Probleme der Rationalisierung des Anwendungsprozesses der mathematischen Optimierung, technologische Funktionen für Modellkonstruktionen, Programme, Art und Weise der Erfassung von Aspekten des landwirtschaftlichen Reproduktionsprozesses bis hin zur Präzisierung territorialer Entwicklungskonzeptionen und zur Aufschlüsselung von Planaufgaben zum Inhalt.

Dieser Band erschien im Juli 1981

Bestellungen sind unter der Bestellnummer 808 278 9 beim Buchhandel möglich.

Einfluß der organischen und mineralischen Düngung auf den Humusgehalt des Bodens und den Pflanzenertrag in den Thyrower Dauerversuchen

(Arbeit aus der Sektion Pflanzenproduktion der Humboldt-Universität zu Berlin anläßlich des 40jährigen Bestehens der Thyrower Dauerversuche)

Akademie der Landwirtschaftswissenschaften der DDR, 1981

Die Thyrower Dauerversuche, die in der DDR zu den ältesten auf Sandböden gehören, haben zu fundierten Erkenntnissen für die Bodenfruchtbarkeit leichter Böden geführt und damit internationale Beachtung gefunden. Seit ihrem Bestehen standen verschiedene Versuchsfragen im Vordergrund, so die Gründüngung, die Stallmistdüngung, die Strohdüngung, die Mineraldüngung, die Bodenbearbeitung sowie die Beregung. Die Auswertung der Versuche erstreckt sich auf die Ertragsentwicklung bei Kartoffeln, Silomais, Zuckerrüben und Getreide sowie auf Menge, Qualität und Abbaudynamik der organischen Substanz im Boden. Mit dieser Zusammenfassung der zahlreichen Einzelveröffentlichungen über Zwischenauswertungen der Versuche wird eine wichtige Informationslücke geschlossen. Aus dem umfassenden Material lassen sich Intensivierungsmaßnahmen der Pflanzenproduktion auf Sandboden ableiten.

Dieser Band erschien im Juli 1981

Bestellungen sind unter der Bestellnummer 808 287 7 beim Buchhandel möglich.

Zeitschrift „Archiv für Naturschutz und Landschaftsforschung"

Herausgeber: Akademie der Landwirtschaftswissenschaften der Deutschen Demokratischen Republik, DDR-1086 Berlin, Krausenstraße 38/39.

Verlag: Akademie-Verlag, DDR-1086 Berlin, Leipziger Straße 3/4; Fernruf: 2236221 und 2236229; Telex-Nr.: 114420; Bank: Staatsbank der DDR, Berlin, Kto.-Nr.: 6836-26-20712.

Veröffentlicht unter Lizenznummer 1316 des Presseamtes beim Vorsitzenden des Ministerrates der Deutschen Demokratischen Republik. Nr. P 9/21/81

Gesamtherstellung: VEB Druckerei „Thomas Müntzer", DDR-5820 Bad Langensalza.

Erscheinungsweise: Die Zeitschrift „Archiv für Naturschutz und Landschaftsforschung" erscheint jährlich in einem Band mit 4 Heften. Das letzte Heft eines Bandes enthält Inhalts-, Autoren- und Sachverzeichnis. Bezugspreis eines Bandes 80,— M zuzüglich Versandspesen (Preis für die DDR 20,— M), Preis je Heft 20,— M (Preis für die DDR 5,— M).

Bestellnummer dieses Heftes 1066/22/3

AN (EDV) 51718

Hinweise und Richtlinien für den Autor

Das „Archiv für Naturschutz und Landschaftsforschung" publiziert Abhandlungen über Methoden und Ergebnisse naturwissenschaftlicher Landschaftsforschung unter besonderer Berücksichtigung landeskultureller Probleme und der Erforschung und Entwicklung von Naturschutzgebieten und geschützter Einzelobjekte. Daneben werden kurzgefaßte Berichte und Mitteilungen sowie Buchbesprechungen zum o. g. Themenkreis aufgenommen. Bei allen Beiträgen wird Wert gelegt auf überregionale Bedeutung der behandelten Problematik.

Auf gedrängte Darstellungsform ist zu achten. Eine Darstellung der Ergebnisse in mehreren Mitteilungen läßt sich nur ausnahmsweise befürworten. Übersichtsbeiträge müssen eine straffe Verarbeitung des Stoffes erkennen lassen und von aktueller Bedeutung sein.

1. Inhaltliche Gestaltung der Manuskripte

Zur besseren Übersichtlichkeit der Beiträge wird folgender Aufbau empfohlen:

Die Einleitung ist so kurz wie möglich zu halten und hat sich nur auf die Problematik der Arbeit zu beschränken. Nur die neueste und wichtigste Literatur ist heranzuziehen.

Über Material und Methoden ist eine kurze Übersicht, evtl. in Tabellenform, angebracht, sofern es sich nicht um neu entwickelte oder modifizierte Methoden handelt. Von einer Beschreibung bereits bekannter Verfahren ist unbedingt abzusehen. Die Darstellung dieses Abschnittes muß trotz aller Kürze dem Leser die genaue Beurteilung der Ergebnisse ermöglichen.

Nach Möglichkeit sind die wichtigsten Ergebnisse in Form von übersichtlichen Tabellen oder graphischen Darstellungen mitzuteilen. Eine doppelte Darstellung ist zu vermeiden. Der Text in diesem Abschnitt hat sich nur auf das zum Verständnis der angeführten Ergebnisse sowie der daraus herzuleitenden Zusammenhänge Notwendige zu beziehen.

Die Diskussion der Ergebnisse muß auf der neuesten einschlägigen Literatur beruhen und zu klaren Schlußfolgerungen führen. Hinweise auf die weitere Entwicklung der Arbeit sowie Schlußfolgerungen für Forschung und Praxis erhöhen den Informationswert des Beitrages.

Die Zusammenfassung hat sich auf die Wiedergabe der wichtigsten Ergebnisse mit den daraus gezogenen Schlußfolgerungen zu beschränken und ist so zu formulieren, daß sie als Referat in Dokumentationsorgane übernommen werden kann.

2. Technische Gestaltung der Manuskripte und Veröffentlichungsbedingungen

Die Manuskripte sind möglichst zweifach an die Schriftleitung (Institut für Landschaftsforschung und Naturschutz Halle der AdL DDR-4020 Halle/S., Neuwerk 4) zu senden.

Die Schriftleitung nimmt nur Manuskripte an, deren Gesamtumfang 25 Schreibmaschinenseiten, einschl. Tabellen, Abbildungen und Literaturverzeichnis, nicht überschreitet (Manuskriptgestaltung nach TGL 6710/01).

Die Arbeit darf noch nicht, auch nicht in anderer Form, im In- oder Ausland veröffentlicht worden sein.

Der Kopf des Manuskriptes enthält in der genannten Reihenfolge:

Entstehungsort (Institution)
Vor- und Zunamen des Autors (der Autoren)
Titel der Arbeit.

Für die Gliederung des Textes gilt TGL 0-1421.

Die Zusammenfassung (nicht länger als 20 Zeilen) ist in deutscher und englischer und möglichst auch in russischer Sprache zur Verfügung zu stellen.

Das Literaturverzeichnis ist unter der Überschrift „Literatur" alphabetisch zu ordnen. Für die Zitierweise gelten TGL 20972 und TGL 20969.

Die Abbildungen sollen reproduktionsfähig sein, d. h. Photos sind möglichst als Hochglanzabzüge zu liefern und zeichnerische Darstellungen mit schwarzer Tusche auf weißem Grund auszuführen (s. TGL 24470). Alle Abbildungen sind fortlaufend zu numerieren. Die Abbildungsunterschriften sind als gesondertes Verzeichnis beizufügen.

Die Tabellen sind mit Überschriften zu versehen und gesondert fortlaufend zu numerieren.

Im Text des Manuskriptes ist zu vermerken, wo die Abbildungen und Tabellen einzuordnen sind.

Formelzeichen sind nach TGL 0-1304, mathematische Zeichen nach TGL 0-1302 zu verwenden. Bei Maßen sind die gesetzlich vorgeschriebenen physikalisch-technischen Einheiten zu benutzen (Gesetzblatt der DDR, Sonderdruck Nr. 289, 15. Dez. 1958).

Am Schluß des Beitrages ist die Dienstanschrift des Verfassers anzugeben.

Die Autoren erhalten Umbruchabzüge zur Korrektur (Korrekturzeichen nach TGL 0-16511) mit befristeter Terminstellung. Bei Nichteinhaltung der Termine erteilt die Redaktion Imprimatur.

Von jeder Arbeit werden unentgeltlich 100 Sonderdrucke geliefert. Das Honorar beträgt 40,— M je Druckbogen einschließlich Abbildungen.

Alle TGL sind zu beziehen durch das Buchhaus Leipzig, Abteilung Standards, DDR-7010 Leipzig, Postfach 140.

MIX

Papier | Fördert gute Waldnutzung

FSC® C083411

Kolibri 360 GmbH
Ferdinand-Jühlke-Straße 7
99095 Erfurt, Deutschland
produktsicherheit@kolibri360.de